Ekkehard Kaier

Visual Basic Essentials

Ekkehard Kaier

Visual Basic Essentials

Die Grundlagen
der Programmierung
zum Nachschlagen

Inhaltsverzeichnis

1 Ereignisgesteuerte Programmierung

Ein **dialoggesteuerter Ablauf** könnte den folgenden Dialog zwischen Benutzer (Eingabe unterstrichen) und Programm (Ausgabe) zeigen:

> Bitte geben Sie einen Text ein: <u>SC Freiburg</u>
> Ihren Text löschen (j/n)? <u>nein</u>
> Ihren Text gelb einfärben (j/n)? <u>j</u>
> Die drei Schritte nochmals durchlaufen (j/n)? <u>j</u>
> Bitte geben Sie einen Text ein: <u>..........</u>

Das Struktogramm stellt für diesen Mensch-Computer-Dialog drei Entscheidungen dar, die in einer Schleife wiederholt werden:

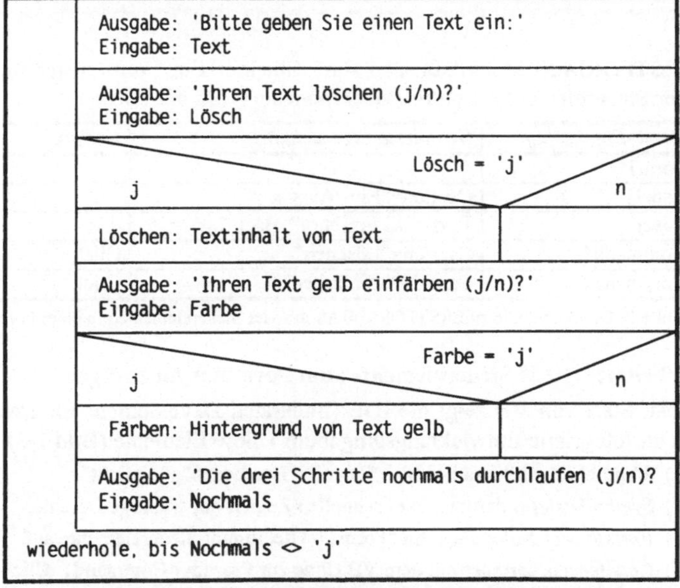

Bild 1-0: Struktogramm zu einem dialoggesteuerten Ablauf mit Schleife

Der zugehörige **ereignisgesteuerte Ablauf** zeigt Bild 1-1: Der Benutzer gibt Text in ein Textfeld ein und kann durch Klicken auf eine Befehlsschaltfläche das Löschen bzw. Färben des Textes veranlassen. An die Stelle des Eingabezwangs (im Dialog) tritt die Freiheit des Benutzers, *Ereignisse* wie *KeyPress* (Taste) und *Click* (Maus) auszulösen, die dann die jeweiligen Anweisungen aufrufen.

1.1 Das erste Projekt in sechs Schritten

Arbeitsschritt 1: Zielsetzung und Objektetabelle

In einem Textfeld namens Text1 zunächst den Text 'SC Freiburg' ausgeben, der dann durch beliebige Texteingaben (wie 'HSV spielt auch Fußball') überschrieben und durch Anklicken auf die Buttons "Löschen" bzw. "Einfärben" gelöscht bzw. gelb hinterlegt werden kann.

Bild 1-1: Die erste Form ERSTFORM.FRM zur Ausführungszeit

ERSTFORM.FRM umfaßt also fünf Objekte: Ein Formfenster und vier Steuerelemente (Controls, Komponenten) auf der Form.

Name-Eigenschaft:	Geänderte Eigenschaft:	Ereignis:
Form1		
Label1	Caption="Ein-/Ausgabe"	
Text1	Text="SC Freiburg", BackColor=15	
Command1	Caption="Löschen"	Click
Command2	Caption="Einfärben"	Click

Bild 1-2: Objektetabelle zu ERSTFORM.BAS mit vier Steuerelementen in einer Form

Arbeitsschritt 2: Steuerelemente zum Formular hinzufügen

Beim Start von VB zeigt die IDE (Integrated Development Environment, Integrierte Entwicklungsumgebung) diese Elemente (Bild 1-3):

(1) *Menü* oben mit Menübefehlen "Datei", "Bearbeiten", "Ansicht", ...

(2) *Symbolleiste(n)* darunter zum schnellen Zugriff auf wichtige Befehle.

(3) *Formfenster* Mitte oben mit "Form1"-Titel nimmt Steuerelemente auf.

(4) *Codefenster* darunter mit dem VB Code zur Prozedur Command1_Click.

(5) *Projektfenster* Mitte unten mit den Formen des aktuellen Projektes.

(6) *Werkzeugsammlung* links mit den verfügbaren Steuerelementen.

(7) *Eigenschaftenfenster* rechts (zeigt Text-Eigenschaft von Command1).

Ein Textfeld aufziehen: In der Werkzeugsammlung "ab" doppelklicken, um Text1 als Instanz auf der Form erscheinen zu lassen. Dann Text1 durch Ziehen der acht Anfasser positionieren. Entspre-

chend durch Doppelklicken auf "A" ein Bezeichnungsfeld namens
Label1 sowie durch zweimaliges Doppelklicken auf "OK" zwei Befehlsschaltflächen namens Command1 und Command2 aufziehen.

Arbeitsschritt 3: Eigenschaften von Steuerelementen einstellen

Text1 markieren und in der Werkzeugsammlung die Text-Eigenschaft
von "Text1" in "SC Freiburg" ändern (Bild 1-3). Entsprechend für die
Steuerelemente *Label1*, *Command1* und *Command2* die Caption-
Eigenschaften in 'Ein-/Ausgabe', 'Löschen' und 'Einfärben' ändern.

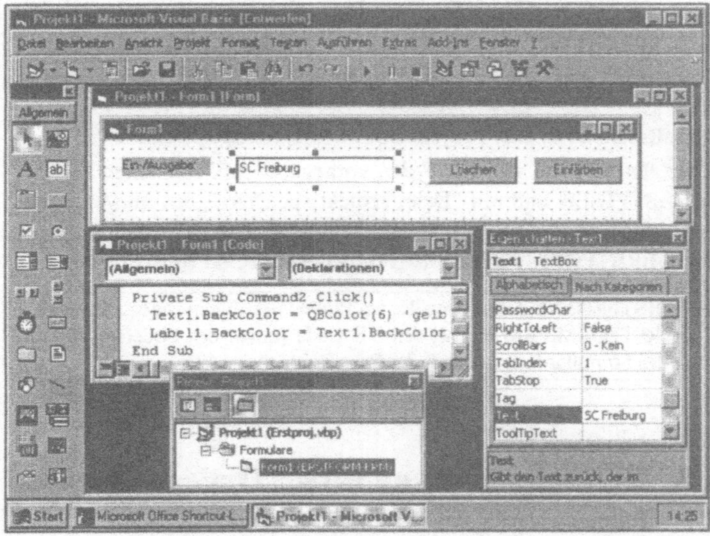

Bild 1-3: IDE von Visual Basic 5 mit Form ERSTFORM.FRM zur Entwicklungszeit

Arbeitsschritt 4: Ereignisprozeduren programmieren

Ereignisprozedur Command1_Click: Im Formfenster auf Command1
doppelklicken, um im Codefenster den Rumpf einer Ereignisprozedur
Command1_Click erzeugen. Darin die Zuweisungsanweisung

```
    Text1.Text = ""                          'einen Leerstring "" zuweisen
```

eingeben. Lies: "Text-Eigenschaft von Text1 ergibt sich aus einem
Leerstring" bzw. "sichtbaren Inhalt des Textfeldes Text1 löschen".

Ereignisprozedur Command2_Click: Entsprechend nun die Prozedur zum Einfärben gemäß Bild 1-3 codieren. Die Zuweisung

```
Text1.BackColor = QBColor(6)      'gelbe Hintergrundfarbe
```
weist der BackColor-Eigenschaft von Text1 die gelbe Farbe zu.
```
Label1.BackColor = Text1.BackColor  'BackColor-Eigenschaft zuweisen
```
weist den (gelben) Wert der BackColor-Eigenschaft von Text1 dem Bezeichnungsfeld Label1 zu; beide Steuerelemente erscheinen gelb.

Arbeitsschritt 5: Das Projekt ausführen

Über "Ausführen/Starten" die Ausführung starten: Die IDE von VB wechselt vom Entwurfs- (Bild 1-3) zum Ausführungsbildschirm (Bild 1-1). In Text1 nun Text eingeben, über Command1 löschen bzw. über Command2 einfärben. Ausführungsende über "Ausführen/Beenden".

Arbeitsschritt 6: Das Projekt mit allen Dateien speichern

Über "Datei/Datei speichern" den vorgegebenen Dateinamen FORM1 in ERSTFORM und mit "Datei/Projekt speichern" den vorgegebenen Projektnamen PROJEKT1 in ERSTPROJ ändern. VB speichert eine Form ERSTFORM.FRM in der Projektdatei ERSTPROJ.VBP ab:

> – ERSTPROJ.VBP als Liste aller am Projekt beteiligten Dateinamen.
> – ERSTFORM.FRM enthält den VB-Code (Inhalt des Codefensters) und
>   das Formulardesign (Inhalt des Formfensters).

1.2   Ereignissteuerung versus Dialogsteuerung

1.2.1 Elementare Ereignissteuerung

Problemstellung (Arbeitsschritt 1): Nach Eingabe von km und Liter über ein Click-Ereignis den Benzinverbrauch berechnen lassen:

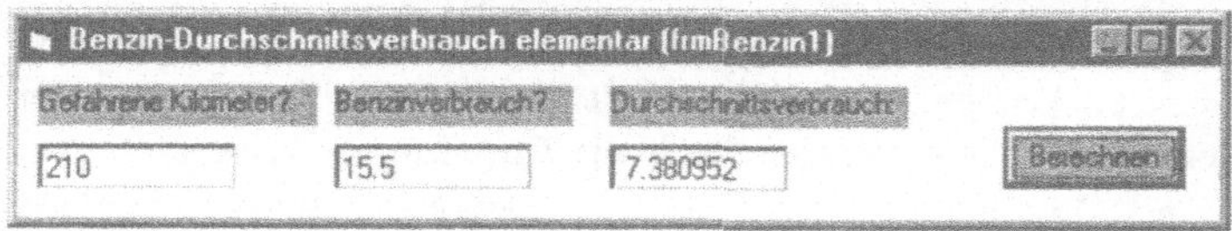

Bild 1-4: Ausführung zu Form BENZIN1.FRM von Projekt BENZIN.VBP

Steuerelemente aufziehen (Arbeitsschritt 2): Form mit drei Labels, drei Textfeldern zur Ein-/Ausgabe und einer Befehlsschaltfläche.

Eigenschaften von Steuerelementen anpassen (Arbeitsschritt 3):
Die Name-Eigenschaften von Steuerelementen ändern bzw. durch
eigene Namen ersetzen. Der benutzerdefinierte Name befBerechnen
ist besser lesbar als die Vorgabe Command1. *befBerechnen_Click* sagt
mehr aus als die Vorgabe *Command1_Click*.

Name:	*Geänderte Eigenschaftswerte:*	*Ereignis:*
Form1	Name=frmBenzin1	
Label1	Caption="Gefahrere Kilometer?"	
Label2	Caption="Benzinverbrauch?"	
Label3	Caption="Durchschnittsverbrauch:"	
Text1	Name=txtKilometer	
Text2	Name=txtLiter	
Text3	Name=txtVerbrauch	
Command1	Name=befBerechnen, Caption="Berechnen"	Click

Bild 1-5: Objektetabelle zu BENZIN1.FRM mit vier Steuerelementen auf einer Form

Die Ereignisprozedur befBerechnen_Click codieren (Schritt 4):
Die Prozedur umfaßt vier Zuweisungsanweisungen mit Operator "=".

```
Private Sub befBerechnen_Click()              'von BENZIN1.FRM
  Dim km As Integer                           '(1) Vereinbarung
  Dim Liter As Single, Verbrauch As Single
  km = Val(txtKilometer.Text)                 '(2) 1. Eingabe
  Liter = Val(txtLiter.Text)                  '(3) 2. Eingabe
  Verbrauch = Liter / km * 100
  txtVerbrauch.Text = Str(Verbrauch)          '(4) Ausgabe
End Sub
```

(1) Vereinbarung von drei Variablen mit Dim: Für die Variable km den
Datentyp Integer (ganze Zahlen) und für die Variablen Liter und Ver-
brauch den Datentyp Single (Dezimalzahlen) vereinbaren (deklarieren).
Integer und Single sind zwei numerische Datentypen.

(2) Val()-Funktion wandelt den String- bzw. Textinhalt "216" des Textfel-
des txtKilometer (also die Text-Eigenschaft von txtKilometer) in die
Ganzzahl 216 um. km=216 weist dann 216 in die Variable km zu. Lies:
"Variable km ergibt sich aus Val von txtKilometer Punkt Text".

(3) Eingabestring in Variable Liter zuweisen: Die Val()-Funktion wandelt
den String "15,5" von txtLiter in die Real-Zahl 15.5 um.

(4) Ausgabestring in txtVerbrauch zuweisen: Die Str()-Funktion wandelt
die Dezimalzahl 7.380952 in den String "7.380952" um.

1.2.2 Komfortable Ereignissteuerung

Problemstellung zu BENZIN2.FRM: Identisch zu BENZIN1.FRM (siehe Bild 1-4 und Bild 1-6), aber mit größerem Bedienkomfort.

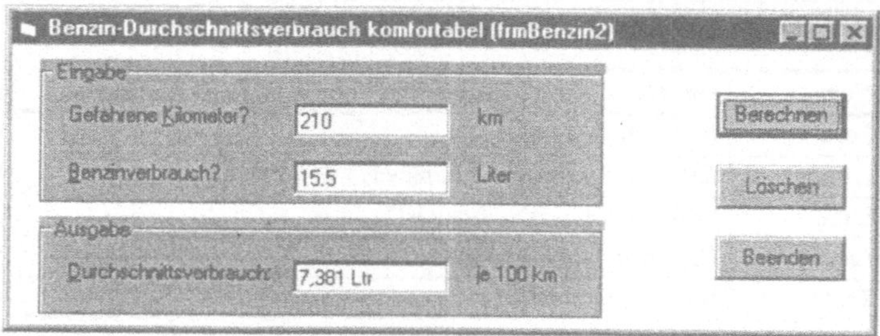

Bild 1-6: Ausführung zu Form BENZIN2.FRM von Projekt BENZIN.VBP

Zwei Rahmen (Frame-Steuerelemente): Frame1 und Frame2 aufziehen zur optischen Gliederung von Eingabe (km, Liter) und Ausgabe. Rahmen dient als Container; bewegt man den Frame, dann bewegen sich seine Steuerelementen automatisch mit.

Form_Load-Ereignis zur Aufnahme von Initialisierungscode: Das Ereignis tritt auf, sobald die Form erzeugt bzw. angezeigt wird.

```
Private Sub Form_Load()
  befBerechnen.Default = True      '(1) Wahrhetswert True zuweisen
  befBeenden.Cancel = True         '(2) Cancel-Eigenschaft setzen
  txtKilometer.TabIndex = 0        '(3) erster TabIndex
  txtLiter.TabIndex = 1
  befLoeschen_Click
End Sub
```

(1) Default-Eigenschaft für befBerechnen setzen, um ein Click-Ereignis für den Button auszulösen, sobald die Return-Taste gedrückt wird.

(2) Cancel-Eigenschaft für den Button befBeenden setzen, um über die Esc-Taste die Ereignisprozedur befBeenden_Click auszuführen.

(3) TabOrder-Eigenschaft gibt die Reihenfolge an, in der Steuerelemente durch Drücken der Tabulator-Taste nacheinander den Fokus erhalten.

Eine Ereignisprozedur aufrufen (zwei Arten): befLoeschen_Click aufrufen, sobald das Click-Ereignis für befLoeschen auftritt. Alternativ ein Ereignis durch Hinschreiben des Prozedurnamens aufrufen, wie oben in der Ereignisprozedur Form_Load.

Ausgabeformatierung mittels Format()-Funktion: Eine Zahl gemäß dem Formatstring "#,##0.000 Ltr" in einen String umwandeln. Format() ist vergleichbar zu Str(), aber mit zusätzlicher Formatierung.

```
Function FormatFloat(Z As Variant, FS As String) As String    'allg.
Platzhalter: Ziffer # oder Ziffer 0. Tausenderkomma bzw. Dezimalpunkt
txtVerbrauch.Text = Format(Verbrauch, "#.##0.000 Ltr")        'Bsp.
```

Label mit Textfeld über eine Zugriffstaste verknüpfen

Das Textfeld txtKilometer über die Tasten Alt/K erreichen (Bild 1-6). Dazu zur Entwurfszeit für Label1 als Caption "Gefahrene &Kilometer?" eingeben: & bewirkt das Unterstreichen des Folgebuchstabens K. Dann für txtKilometer den auf Label1 folgenden TabIndex auswählen. Nun geben die Tasten *Alt/K* den Fokus an txtKilometer.

> *Fokus als die Fähigkeit, vom Benutzer*
> *eine Eingabe entgegenzunehmen*

- In der Caption eines Labels eine Zugriffstaste durch Voranstellen von & definieren und die UseMnemonic-Eigenschaft auf True belassen.
- "Alt/Zugriffstaste" setzt den Fokus auf das nächste Control in Tab-Folge.

```
Private Sub befBeenden_Click()      'von Form BENZIN2.FRM
   End                              'Alle Fenster schließen und die
End Sub                             'Programmausführung beenden
```

Projekt BENZIN.VBP mit zwei Formen (davon einer Startform)

BENZIN1.FRM (Name-Eigenschaft frmBenzin1) oder BENZIN2-.FRM (Name-Eigenschaft frmBenzin2) über "Ausführen/Starten" öffnen? Die Form, deren Name-Eigenschaft über den Menübefehl "Projekt/Eigenschaften/Allgemein" als Startform angegeben worden ist.

1.2.3 Dialogsteuerung über Standard-Dialogfenster

VB bietet die Funktion InputBox und die Prozedur MsgBox an, um über ein vordefinierte Dialogfenster ein- bzw. auszugeben.

Bild 1-7: Ausführungsstart zu Form BENZIN3.FRM von Projekt BENZIN.VBP

Problemstellung zu Form BENZIN3.FRM: Die Eingabe über zwei InputBox-Dialogfelder erzwingen und dann die Ausgabe über ein MsgBox-Dialogfenster anzeigen.

Die Ereignisprozedur befBerechnen_Click führt eine InputBox-Funktion aus, die das Dialogfenster von Bild 1-8 anzeigt.

'Kilometer?" als Frage.
Stets zwei Buttons.

Bild 1-8:
InputBox()-Dialogfenster

Nach der Eingabe von 10 Litern über die zweite Inputbox erscheint das folgende durch die MsgBox-Prozedur erzeugte Dialogfenster:

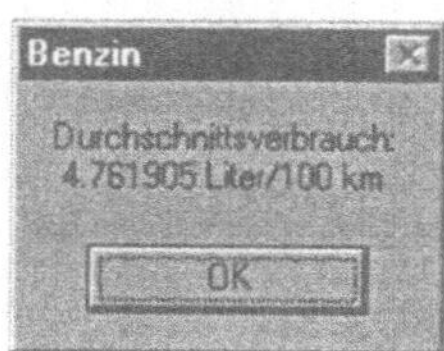

Der Meldungstext ist zweizeilig codiert.
MsgBox zeigt stets einen Button an.

Bild 1-9: MsgBox-Dialogfenster

```
Private Sub befBerechnen_Click()                      'von BENZIN3.FRM
   Const Hundert = 100                                '(1) eine Konstante
   Dim CrLf As String * 2                             '(2) fünf Variablen
   Dim kmStr As String, km As Integer
   Dim Liter As Single, Verbrauch As Single
   CrLf = Chr(10) + Chr(13)
   kmStr = InputBox("Kilometer?", "Eingabe")          '(3) Eingabezwang
   km = Val(kmStr)
   Liter = Val(InputBox("Liter?", "", 10))
   Verbrauch = Liter / km * Hundert
   MsgBox "Durchschnittsverbrauch: " + CrLf + Str(Verbrauch) +     (4)
          " Liter/100 km"
End Sub
```

(1) Konstantenvereinbarung mit Const: Eine Konstante ist ein Nur-Lese-Speicher, dessen Wert zur Ausführungszeit unverändert bleibt.

(2) CrLf als Zeilenwechsel-Variable: Carriage Return + Line Feed.

(3) Eingabe-Dialogfenster über Funktion InputBox(): Benutzer zur Stringeingabe zwingen und diese als Funktionsergebnis liefern.

(4) Ausgabe-Dialogfenster über Prozedur MsgBox: Ein Meldungsfenster mit OK-Button anzeigen. Projektname als Fenstertitel.

(5) Eingabe-Dialogfenster über Funktion MsgBox(): Bei Ausführung von befBeenden_Click ein Meldungsfenster anzeigen und den gewählten Button als Rückgabewert liefern:

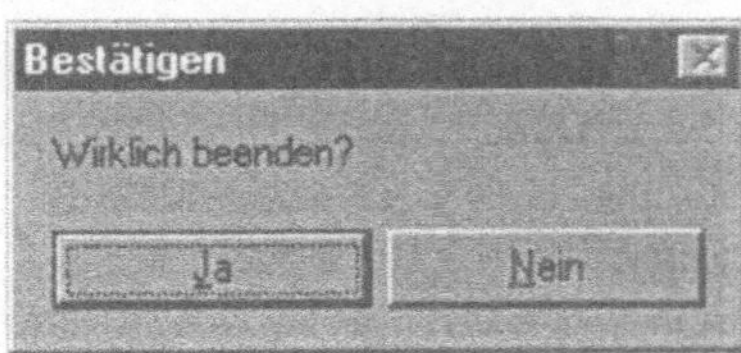

Dialofeldtyp 4 liefert die zwei Buttons
"Ja" und "Nein"

Bild 1-10: Dialog MsgBox()-Funktion

```
Private Sub befBeenden_Click()
  If MsgBox("Wirklich beenden?", 4, "Bestätigen") = 6 Then      '(5)
    End
  End If
End Sub
```

Prozedur MsgBox zur Ausgabe einer Meldung als String

```
MsgBox Meldung [.Dialogfeldtyp [.Fenstertitel]]            'allgemein
MsgBox "Das wars also"                                     'Beispiel
```

Dialogfeldtypen: 0 OK (voreingestellt), 1 OK/Abbrechen

Funktion InputBox() zur Eingabe liefert den Eingabestring in sVar

```
sVar = InputBox(Frage [ Fenstertitel][.Antwortvorgabe][.X][.Y]
S = InputBox("Bitte eingeben","Paßwort")
```

Funktion MsgBox() zur Eingabe liefert einen Schaltflächenwert in iVar

```
iVar = MsgBox(Meldung, [.Dialogfeldtyp [.Fenstertitel]])
Zahl = MsgBox("Ausführen?", 3, "Aktienkursermittlung")
```

Dialogfeldtypen: 0 OK, 1 OK/Abbrechen, 2 Abbrechen/Wiederholen/Ignorieren, 3 Ja/Nein/Abbrechen, 4 Ja/Nein und 5 Wiederholen/Abbrechen

Schaltflächenwerte: 1 OK, 2 Esc, 3 Abbr., 4 Wiederholen, 5 Ignorieren, 6 Ja, 7 Nein

Verzeichnis 1-1: Eine Prozedur und zwei Funktionen für vordefinierte Dialogfelder

1.3 Ereignisse bzw. Ereignisfolgen testen

Problemstellung zu EREIG1.FRM: Die Ereignisse Activate, Click, DblClick, Initialize, Load, Paint bzw. Resize für die Form frmEreig1 und die Ereignisse Change, Click, KeyDown, KeyPress, KeyUp, MouseDown bzw. MouseUp für das Textfeld Text1 testen.

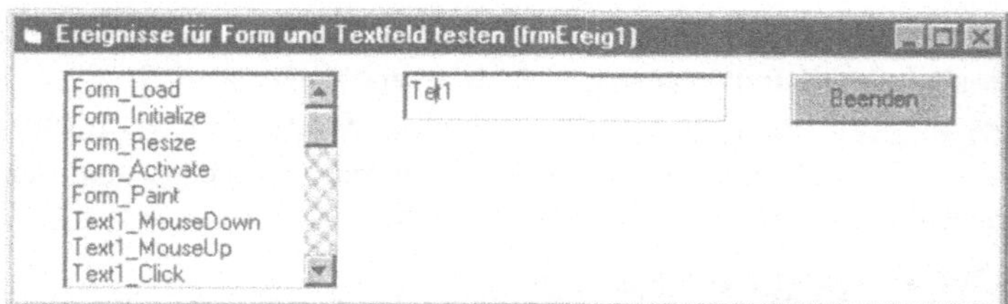

Bild 1-11: Ausführung zu Form EREIG1.FRM von Projekt EREIGNIS.VBP

- Beim Ausführungsstart werden die Ereignisse Load, Initialize, Resize, Activate und Paint nacheinander ausgelöst (erster Test in Bild 1-1).

- Beim Anklicken eines Zeichens im Textfeld wird die Ereignisfolge MouseDown, MouseUp und Click gemeldet (zweiter Test in Bild 1-11).

- Ein Zeichen in Text1 entfernen: KeyDown, Change und KeyUp.

- Backspace-Taste in Text1: KeyDown, KeyPress, Change und KeyUp.

- Jedes DblClick-Ereignis löst zunächst auch ein Click-Ereignis aus.

- Jede Größenänderung löst ein Resize-Ereignis aus.

- Das Verkleinern auf Symbolgröße wird durch Resize und Paint quittiert.

- Das Bewegen der Maus löst eine Vielzahl von MouseMove-Ereignissen aus; deshalb wird auf den Test dieses Ereignisses hier verzichtet.

Ereignisfolgen: Die Form EREIG1.FRM von Projekt EREIGNIS-.VBP zeigt, daß Ereignisse sich gegenseitig bedingen. So lösen die meisten Tätigkeiten *Ereignisfolgen* aus, die zu programmieren sind.

Die Namen der Ereignisse in das Listenfeld List1 eintragen

Text1, Command1 und List1 gemäß Bild 1-11 auf EREIG1.FRM aufziehen und für jedes Ereignis in einer Ereignisprozedur die AddItem-Methode aufrufen. Zwei Beispiele zu den Ereignisprozeduren:

```
Private Sub Form_Activate()                                    '(1)
  List1.AddItem "Form_Activate"                                '(2)
End Sub
Private Sub Text1_KeyUp(KeyCode As Integer, Shift As Integer)  '(3)
  List1.AddItem "Text1_KeyUp"                                  '(4)
End Sub
```

(1) Auf der Form doppelklicken und das Activate-Ereignis wählen.
(2) Die AddItem-Methode auf das Listenfeld List1 anwenden, um den Namen 'Form_Activate' als nächsten Eintrag in die Liste hinzuzufügen.
(3) Die Text1_KeyUp-Ereignisprozedur liefert zwei Parameter.
(4) Den Ereignisnamen "Edit_KeyUp" in List1 als Eintrag hinzufügen.

1.4 Ereignisketten vermeiden

Problemstellung zu EREIG2.FRM mit Change und KeyPress

Bei jeder Änderung der DM-Eingabe den zugehörigen Francs-Betrag ermitteln (Change-Ereignis für txtDM). Umgekehrt soll der zugehörige DM-Betrag ermittelt werden, sobald der Benutzer die Francs-Eingabe durch Drücken der Return-Taste abgeschlossen hat (KeyPress-Ereignis für txtFF):

Bild 1-12: Ausführung zu Form EREIG2.FRM von Projekt EREIGNIS.VBP

Change-Ereignis bei jeder Eingabeänderung in txtDM auslösen

Bei Eingabe von 10030.1 wird siebenmal das Change-Ereignis (für jedes Zeichen) ausgelöst. Zur Entwurfszeit muß txtDM.Text=0 gesetzt sein. Fehlerabbruch bei leerer Eingabe. Ergänzt man txtDM_Change durch eine Ereignisprozedur txtFF_Change, dann erhält man eine *endlose Ereigniskette*.

```
Private Sub txtDM_Change()                      'von Form EREIG2.FRM
  txtFF.Text = Str(Val(txtDM.Text) * 3)         'Str() wandelt in String um
End Sub
```

> *Endlose Ereigniskette: Zwei Textfelder lassen sich nicht*
> *über Change-Ereignisse gegenseitig ändern*

KeyPress-Ereignis beim Drücken einer Taste in txtFF auslösen

Der KeyAscii-Parameter liefert die ASCII-Codenummer des letzten Eingabezeichens. Liegt mit Codenummer 13 das Steuerzeichen "Return-Taste" vor (Eingabe abgeschlossen), dann den Betrag von FF in DM umrechnen. Die Ereignisprozedur txtFF_KeyPress wird aufgerufen, wenn txtFF den Fokus hat und eine Taste gedrückt wird.

```
Private Sub txtFF_KeyPress(KeyAscii As Integer) 'von EREIG2.FRM
  If KeyAscii = 13 Then                          'Eingabe beendet?
    txtDM.Text = Str(Val(txtFF.Text) / 3)        'Ergebnis berechnen
  End If
End Sub
```

Grundlegende Steuerelemente für die Formen von Visual Basic

Check1 (CheckBox, Kontrollkästchen)
Über Value-Eigenschaften 0 (nicht gewählt), 1 (gewählt) und 2 (abgeblendet) Ja/Nein-Markierungen vornehmen. Siehe Optionsfeld.

Command1 (ComandButton, Befehlsschaltfläche)
Schalter zum Aufruf einer Aktion über Maus oder Taste (Tab bzw. Return). Eigenschaften: Name, Caption (Schaltflächentext wie Ja, Nein, OK, Berechnen, Weiter, Hilfe, Ende), Cancel, Default.

Combo1 (ComboBox, Kombinationsfeld)
Auswahlmöglichkeit wie beim Listenfeld, aber um die Eingabemöglichkeit eines Textfeldes erweitert. Eigenschaft Style 0-3 definiert vier Arten: 0 DropDown, 1 einfache ComboBox., 2 wie 1 (aber ohne Texteingabe).

CommonDialog1 (CommonDialog, Standarddialog, COMDLG32.OCX)
Über die ShowOpen-Eigenschaft die Dialogfenstertypen "Datei öffnen", "Schließen", "Farbe", "Schriftarten", "Drucken" und "Hilfe" bereitstellen.

Data1 (Data, Datensteuerelement)
Auf die Abfrage bzw. Tabelle (Eigenschaft RecordSource) einer Datenbank (DatabaseName) zugreifen und die Felder der Tabelle über gebundene Controls (Eigenschaften DataSource und DataField) anzeigen.

DBCombo1 (DBComboBox, DB-gebundenes Kombinationslistenfeld)
ComboBox, die über die Eigenschaften DataSource Datensteuerelement) und DataField (Feld) an eine Datenbank gebunden wird, um den Inhalt einer Spalte anzuzeigen bzw. zu bearbeiten.

DBGrid1 (DBGrid, DB-gebundenes Tabellen bzw. Giternetz)
Gitternetz, das über die Eigenschaft DataSource (Datensteuerelement) an eine Datenbank gebunden wird, um eine Tabelle anzuzeigen.

DBList1 (DBListBox, DB-sensitives Listenfeld)
ListBox, die über DataSource (Datensteuerelement) und DataField (bestimmtes Feld einer Tabelle) an eine Datenbank gebunden wird.

Dir1 (DirListBox, Verzeichnislistenfeld)
Listenfeld, um zum gewählten Verzeichnis die Unterverzeichnisse anzuzeigen. In Verbindung mit Datei- und Laufwerklistenfeld.

Verzeichnis 1-2: Grundlegende Steuerelemente (Seite 1 von 3)

Drive1 (DriveListBox1, Laufwerkslistenfeld)
Zur Laufzeit das Laufwerk wechseln. Wird in Verbindung mit Datei- und
Verzeichnislistenfeld verwendet.

File1 (FileListBox, Dateilistenfeld)
Zur Laufzeit eine Datei auswählen. Pattern-Eigenschaft (Suchmaske) bestimmt die angezeigten Dateien. Mit Laufwerks- und Verzeichnislistenfeld.

Frame1 (Frame, Rahmen)
Die Form untergliedern (Optik) bzw. Steuerelemente (z.B. Optionsfelder)
gruppieren (Frame als Container). Zuerst Frame, dann Steuerelemente.

Grid1 (Grid, Gitternetz, Tabellensteuerelement)
Daten als Tabelle (Matrix, Gitter) darstellen, wobei Zellen über Zeilen und
Spalten angesprochen werden.

HScroll1 (HScrollBar, horizontale Bildlaufleiste)
Über einen waagerechten Schieber eine Position in Listen-/Textfeld bzw.
Form zwischen Min und Max(-Eigenschaft) rasch ansteuern. Siehe VScroll.
Value liefert den aktuellen Wert. Change bei Schieberänderung.

Image1 (Image, Anzeigefeld)
Bilder anzeigen (Bitmap, Icon, Metafile), wie Bildfeld, aber mit weniger Ei-
genschaften. Fokuserhalt, Containerfähigkeit sowie Grafikmethoden wie
Circle und Paint nicht möglich. Eigenschaften: Stretch (Größenanpassung).
Image1 beansprucht weniger Ressourcen als Picture1.

Label1 (Label, Bezeichnungsfeld)
Beschriftungen bzw. Meldungen ausgeben. Über Caption="&Datei'" mit
Tasten *Alt/D* erreichbar und an nächstes (TabIndex) Element koppeln.
Aligment richtet Text links (0), rechts (1) bzw. zentriert (2) aus.

Line1 (Line, Liniensteuerelement)
Linien horizontal, vertikal bzw. diagonal zur Entwurfszeit zeichnen. Koordinaten lassen sich setzen und abfragen. Line kann keinen Fokus erhalten.

List1 (ListBox, Listenfeld)
Aus einer Liste einen oder mehrere Einträgen auswählen. Siehe Combo-
Box1. Einträge über die Methoden AddItem aufnehmen und RemoveItem
entfernen. Mehrspaltenliste über Columns-Eigenschaft. List1.List(0) liefert
den ersten Eintrag und List1.ListIndex die Position des aktiven Eintrags.

Verzeichnis 1-2: Grundlegende Steuerelemente (Seite 2 von 3)

Menu1 (Menü)
Über den Menü-Editor für die Form am oberen Rand eine Menüleiste mit Dropdown-Menüpunkten entwerfen und installieren. Ein Menü-Steuerelement kann nur auf das Click-Ereignis reagieren.

Ole1 (OLE-Steuerelement)
Eine VB-Anwendung als Ole-Client-Anwendung steuern, um Daten bzw. Objekte aus OLE-Server-Anwendungen zu verknüpfen bzw., einzubetten. Zur Laufzeit nicht sichtbar.

Option1 (OptionButton, Optionsfeld)
Über die Value-Eigenschaft eine Ja/Nein-Entscheidung angeben (True/False). Von den Optionsfeldern eines Containers (Rahmen, Form) kann immer nur ein Feld gesetzt sein (anders als bei CheckBox).

Picture1 (PictureBox, Bildfeld)
Anzeige von Text (Print-Methode), Bildern (siehe Image als "Mini-Picture-Box") und Grafiken. Kann als Container andere Elemente aufnehmen (wie Frame). AutoSize = True paßt an die Grafik an. Align richtet am Rand aus. Eine MDI-Form kann nur eine PictureBox aufnehmen.

Shape1 (Shape, Figurenfeld)
Grafik-Figuren (Kreis, Rechteck, Umrandung...) zur Entwurfszeit zeichnen. Das Shape kann nicht Objekt der Methoden Line, Circle und Print sein.

Text1 (Textbox, Textfeld)
Steuerelement zur Ausgabe (wie Label) und Eingabe von Text. Weder Font-Eigenschaften noch Print. MaxLength zwischen 0 (keine Grenze) und 32767 (maximal). SelLength, SelStart und SelText liefert Anzahl, Position und Inhalt der Markierung.

Das einzeilige Textfeld zu einem mehrzeiligen Editor erweitern über die Eigenschaften MultLine (mehrere Zeilen) und ScrollBars (Bildlaufleisten).

Timer1 (Timer, Zeitmesser)
Ein Ereignis namens Timer in der über die Interval-Eigenschaft angegebenen Anzahl (1 bis 65535 Millisekunden) wiederholt auslösen. Ein Timer-Ereignis kannn maximal 18,2 mal je Sekunde aufgerufen werden.

VScroll1 (VScrollBar, vertikale Bildlaufleiste)
Über einen senkrechten Schieber eine Position (zwischen Min und Max) in Listen-/Textfeld bzw. Form rasch ansteuern. Siehe VScroll.

Verzeichnis 1-2: Grundlegende Steuerelemente für die Formen (Seite 3 von 3)

2 Strukturierte Programmierung

Vier Ablaufstrukturen bzw. Programmstrukturen

Die Informatik unterscheidet die vier Ablaufstrukturen Folge (linear, Reihung), Auswahl (Entscheidung), Wiederholung (Schleife) und Unterablauf (Prozedur, Funktion bzw. Methode):

- **Folge:** *Tue dies, dann das, dann ... (linearer Ablauf).*
- **Auswahl:** *Tue dies oder tue das (verzweigender Ablauf).*
- **Wiederholung:** *Tue etwas wiederholt (zirkulärer Ablauf).*
- **Unterablauf:** *Tue dies, tue etwas anderes, setze dann den ersten Ablauf fort (unterteilter Ablauf).*

Zwei Möglichkeiten zur Anordnung von Ablaufstrukturen

Eine Form kann viele Ablaufstrukturen enthalten; diese sind *hintereinander(1., 2., ...)* und/oder *geschachtelt (innen, außen)* angeordnet.

2.1 Auswahlstrukturen (Entscheidungen)

Problemstellung zu Form AUSWAHL.FRM: Die Auswahlstrukturen der Informatik (einseitig, zweiseitig, mehrseitig, Fallabfrage) über sechs Ereignisprozeduren an kleinen Beispielen demonstrieren.

Name:	*Geänderte Eigenschaftswerte:*	*Ereignis:*
Form1	Name=frmAuswahl	
Label1	Caption="Ausgabe (Meldung):"	
Label2	Caption="Eingabe (Benutzer):"	
Edit1	Text="Edit1", Color=clNone	
Command1	Name=befIfEinseitig, Caption="If ein..."	Click
Command2	Name=befIfZweiseitig, Caption="If zwei..."	Click
Command3	Name=befIfMehrseitig, Caption="If mehr..."	Click
Command4	Name=befCase, Caption='Case'	Click
Command5	Name=befFarbe, Caption='Farbe'	Click
Check1	Caption="befCase ein/aus"	Click
Frame1	Caption="Farbe für Editfeld"	
Option1	Name=optRot, Caption="rot"	
Option2	Name=optGelb, Caption="gelb"	
Option3	Name=optFarblos, Caption="No"	

Bild 2-1: Objektetabelle zu Form AUSWAHL.FRM von Projekt STRUKTUR.VBP

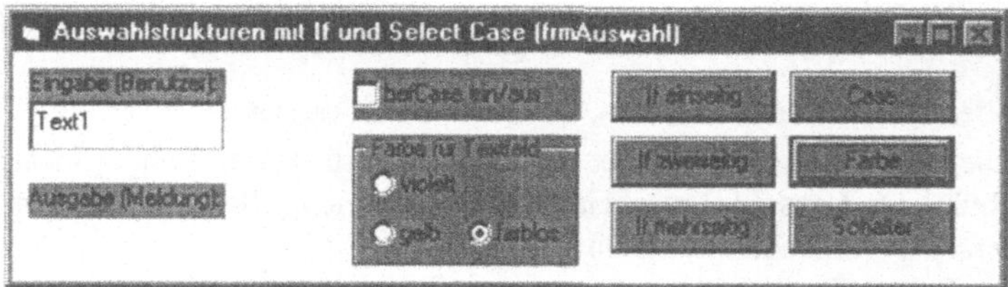

Bild 2-2: Ausführung zu Form AUSWAHL.FRM von Projekt STRUKTUR.VBP

2.1.1 Anweisungen If und Select Case

Einseitige Auswahl mit If-Anweisung kontrollieren

```
Private Sub befIfEinseitig_Click()
  If Text1.Text <> "Visual Basic" Then                'Ungleich?
    Label1.Caption = "Eingabe ungleich 'Visual Basic'"  'Anzeigen
  End If
End Sub
```

Zweiseitige Auswahl mit If-Else-Anweisungen kontrollieren

Die Länge der Texteingabe (Then) oder eine Info (Else) anzeigen:

```
Private Sub befIfZweiseitig_Click()
  If Len(Text1.Text) > 0 Then          '(1)
    Label1 = "Anzahl: " & Len(Text1)   'oder: Label1.Caption
  Else
    Label1 = "Nichts eingegeben!"      '(2)
    Text1.SetFocus                     '(3)
  End If                               '(4)
End Sub
```

(1) Die Len()-Funktion liefert die Anzahl der Zeichen des Textfeldes.

(2) Eine oder mehrere Anweisungen im Then- oder Else-Teil angeben.

(3) **Methode als objektgebundene Anweisung:** Die SetFocus-Methode *Text1.SetFocus* setzt den Fokus auf das Textfeld zwecks neuer Eingabe.

(4) End If für einseitige (If-Then) wie zweiseitige Auswahl (If-Then-Else).

```
If BoolescherAusdruck Then    'Allg. Syntax: Anweisung If-Else
  Anweisungen 1               'Eine oder mehrere Anweisungen
[Else                         'Else-Teil ist optional
  Anweisungen 2]
End If
```

```
If X > 1000 Then ...          'X vom Datentyp Integer
If Gefunden Then ...          'Gefunden vom Datentyp Boolean
```

Mehrseitige Auswahl mit geschachtelten If-Else-Anweisungen

Dreifache Schachtelung: *If Text1.Text=""* schachtelt Auswahl *If Z<0*
ein, welche die Auswahl *If Z<10* einschachtelt (siehe Struktogramm).

```
Private Sub befIfMehrseitig_Click()
  Dim Z As Single
  If Text1.Text = "" Then
    Label1 = "Leere Eingabe"
  Else
    Z = Text1                              'oder: Z = Val(Text1.Text)
    If Z < 0 Then
      Label1.Caption = "Zahl negativ"
    ElseIf Z < 10 Then
        Label1 = "Zwischen 0 und 9"
    Else
      Label1 = "10 oder größer"
    End If                                 'Ende Auswahl innen
  End If                                   'Ende Auswahl außen
End Sub
```

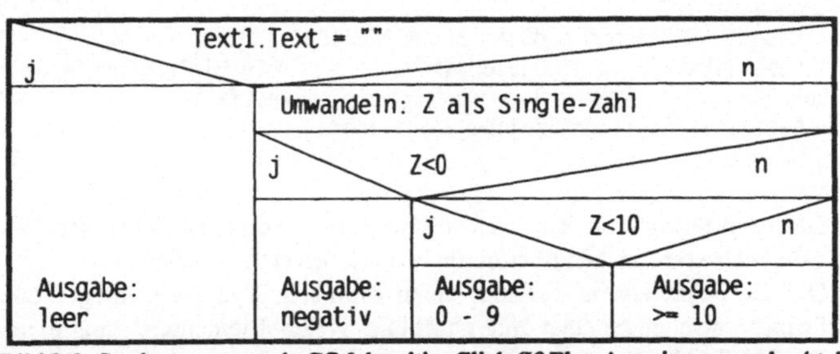

Bild 2-3: Struktogramm zu befIfMehrseitig_Click (If-Else-Anweisungen schachteln)

Mehrseitige Auswahl mit einer If-ElseIf-Anweisung kontrollieren

Mehrerer geschachtelte If-Else-Anweisungen lassen sich durch eine
einzige If-ElseIf-Anweisung ersetzen.

```
If BoolescherAusdruck Then       'Allg. Syntax: Anweisung If-ElsIf
  Anweisungen 1                  'Eine oder mehrere Anweisungen
ElseIf                           'Erster ElseIf-Teil
  Anweisungen 2
ElseIf                           'Beliebig viele weitere ElseIf-Teile
  ...                              möglich
[Else                            'Restfall optinal
  Anweisung n]...
End If
```

Mehrseitige Auswahl als Fallabfrage mit Case-Anweisung

```
Select Case OrdinalerAusdruck Of        'Ordinal: Integer
  Case K1: Anweisung 1;
  Case K2; Anweisung 2;                  'K1,K2,... als Konstanten des
  ...                                    'gleichen Typs wie Ausdruck
  Case Km: Anweisung m
  [Case Else Anweisung n];               'Restfall ist optional
End Select                               'Ende der Fallabfrage
```

```
Private Sub befCase_Click()               'von Form AUSWAHL.FRM
  Dim C As String * 1                     '(1) Ein Zeichen
  C = Text1.Text
  Select Case C                           '(2) Fallabfrage für C
    Case "a", "Z"                         '(3) Zwei Zeichen
      Label1.Caption = "Buchstaben a oder Z"
    Case "%"                              '(4) Ein Zeichen
      Label1.Caption = "Sonderzeichen %"
    Case Is > "z"
      Label1 = "Zeichen größer 'z' im ASCII"
      Label1.BackColor = QBColor(4)       'rote Hintergrundfarbe
    Case Else                             'Restfall
      Label1 = "Sonstiges Zeichen oder leer"
  End Select
End Sub
```

(1) Datentyp String*1 für eine Zeichenfolge mit nur einem Zeichen. Bei Eingabe mehrerer Zeichen übernimmt VB nur das erste Zeichen.

(2) Die Case-Anweisung verlangt einen ordinalen Typ (wie Integer oder String), also einen Typ mit abzählbar vielen Elementen. Single und Double sind keine solchen Typen.

(3) Konstanten mit dem Komma "," aufzählen.

(4) "%" ist gleichbedeutend mit Is="%" (der Operator Is= ist voreingestellt).

2.1.2 Auswahl über CheckBox und OptionButton

CheckBox als Kontrollkästchen für die Ja-Nein-Entscheidung

Über die Value-Eigenschaft abfragen, ob die CheckBox angekreuzt ist (Value=1) oder nicht (Value=0). Check1.Click wechselt den Eigenschaftswert. In AUSWAHL.FRM (Bild 2-1) den Schalter befCase über das Kontrollkästchen abschalten: Enabled-Eigenschaft auf False.

```
Private Sub Check1_Click()                'von Form AUSWAHL.FRM
  befCase.Enabled = Check1.Value = 1      'Value gleich 1?
End If
```

Alternativ die Enabled-Eigenschaft über eine Auswahl setzen:

```
If Check1.Value = 1 Then
  befCase.Enabled = True                'Schaltfläche aktivieren
Else
  befCase.Enabled = False               'Schaltfläche abstellen
End If
```

Umschalter programmieren mittels Not-Operator: Beim Click auf befSchalter den Value-Wert von True auf False und umgekehrt wechseln. Zusätzlich den Zustand über die Caption von befSchalter zeigen.

```
Private Sub befSchalter_Click()
  optViolett.Value = Not optViolett.Value            'Schalter
End Sub
```

Optionsfelder für 1-von-n-Entscheidungen in Rahmen gruppieren

Einen Rahmen aufziehen und darin drei Optionsfelder (TypeOf-Name OptionButton) aufziehen. Die Optionsfelder bilden eine Gruppe, in der nur *eine* Option den Value-Wert True haben kann. Durch Click auf ein Optionsfeld *Value=True* setzen und für das bisherige Feld *Value=False* setzen lassen. Farben für das Textfeld auswählen:

```
Private Sub befFarbe_Click()            'von Form AUSWAHL.FRM
  If optViolett.Value Then
    Text1.BackColor = QBColor(13)       'violett
  ElseIf optGelb.Value Then
    Text1.BackColor = QBColor(14)       'hellgelb
  Else
    Text1.BackColor = QBColor(15)       'weiß
  End If
End Sub
```

Einen Rahmen auf der Form horizontal zentrieren: Die Eigenschaften Left und Width liefern den Abstand vom linken Fensterrand und die Breite. Operator DIV zur ganzzahligen Division.

```
Frame.Left = (Form1.Width - Frame1.Width) DIV 2
```

Optionsfelder-Array als Alternative zu "Drei Optionsfelder": Drei Optionsfelder im Rahmen aufziehen, mit optFarbe benennen und die Index-Eigenschaften 0, 1 und 2 zuweisen. VB speichert einen Array mit drei Elementen. Diesen die Captions einzeln zuweisen:

```
optFarbe(0).Caption = "violett"         '1. Element mit Index 0
optFarbe(1).Caption = "gelb"            '2. Element
optFarbe(2).Caption = "farblos"
```

Vorteil des Steuerelemente-Arrays: Eigenschaften über eine Index-variable (links i, rechts Index) über eine Schleife verarbeiten.

```
For i = 1 To 2                    Sub optFarbe_Click(Index As Integer)
   optFarbe(i) = False               Text1.BackColor = QBColor(Index+13)
Next i                            End Sub
```

2.2 Wiederholungsstrukturen (Schleifen)

Form SCHLEIFE.FRM enthält Beispiele zu den drei Schleifentypen:

Name:	*Geänderte Eigenschaftswerte:*	*Ereignis:*
Form1	Name=frmSchleife	Load
Command1	Name=befWhile, Caption="While ..."	Click
Command2	Name=befRepeat, Caption="Repeat ..."	Click
Command3	Name=befFor, Caption="For ..."	Click
Command4	Name=befLoeschen, Caption="Löschen"	Click
Grid1	Rows=7, Cols=11, FixedRows=1, FixedCols=1, Width=5000, Height=1800	
Text1	MultiLine=True, Scrollbars=3 (Both)	
Combo1	Style=csDropDown	

Bild 2-4: Objektetabelle zu Unit SCHLEIFE.FRM von Projekt STRUKTUR.DPR

2.2.1 Anweisung While für abweisende Schleife

Kontrollanweisung Do While-Loop: Die zwischen *Do While* und *Loop* angegebenen Anweisungen wiederholen. Eine Schleife 10 mal (links 1-10 ausgeben) bzw. 2 mal (rechts 8 und 9) durchlaufen.

```
i = 0                             z = 8
Do While i < 10                   Do While z < 10
   i = i + 1                         MsgBox Str(z)
   MsgBox Str(i)                     z = z + 1
Loop                              Loop
```

```
Do While Bedingung                'Solange Eintrittsbedingung erfüllt
...
   Anweisung 1                    'Block mit beliebig vielen
   Anweisung 2                    'Anweisungen

   . . .
   Anweisung n
Loop                              '... wiederhole den Block
```

Für den Anfangswert i=10 wird die Wiederholung *Do While i<10* abgewiesen; deshalb die Bezeichnung *abweisende Schleife*.

Problemstellung zu befWhile_Click: In einem Tabellen-Steuerelement Grid1 (Gitter) in 10 Spalten bzw. Cols jeweils 6 Lottozahlen in 6 Zeilen bzw. Rows ausgeben. Ausgabe in Bild 2-5 über Schleifen.

4	33	23	5	17	22	13	12	11	27
6	27	18	38	5	14	5	24	43	4
17	41	8	20	29	43	2	13	29	32
7	5	35	23	9	37	16	17	37	21
1	10	46	25	46	14	39	3	46	48
27	34	26	11	5	34	15	24	17	6

Bild 2-5: Ausführung zu befWhile_Click von Form SCHLEIFE.FRM

Schleifenschachtelung: Bei jedem der 10 Durchläufe der äußeren Spalten-Schleife die innere Zeilen-Schleife 6 mal durchlaufen.

Grid1 sichtbar machen und Anfangswert s = 0 setzen
Solange s < 10 ist, wiederhole
Spaltenzähler erhöhen: s = s + 1
Zeilenzähler initialisieren: z = 0
Solange z < 6 ist, wiederhole
Zeilenzähler erhöhen: z = z + 1
Ausgabe in Zelle des Grid1

Bild 2-6: Struktogramm zu befWhile_Click mit zweifacher Schleifenschachtelung

```
Private Sub befWhile_Click()              'von Form SCHLEIFE.FRM
  Dim s As Integer, Z As Integer          '(1) Zählervariablen
  Grid1.Visible = True                    '(2) Sichtbar machen
  s = 0
  Do While s < 10
    s = s + 1
    Grid1.ColWidth(s) = 400       'Zellen 400 Twips breit
  Loop
  s = 0
```

```
   Do While s < 10                              'Beginn Schleife außen
     s = s + 1
     Grid1.Col = s
     Z = 0
     Do While Z < 6                             '(3) Begin Schleife innen
       Z = Z + 1
       Grid1.Row = Z
       Grid1.Text = Str(Int(1 + 49 * Rnd))      '(4) Zufallszahl ablegen
     Loop                                       'Ende Schleife innen
   Loop                                         'Ende Schleife außen
End Sub
```

(1) Grid-Steuerelement: Objekt zur tabellarischen Darstellung von Strings in Zellen: Zelle (0,0) oben links und Zelle (10,6) unten rechts. Spalte 0 (FixedCol) und Zeile 0 (FixedRow) zur Beschriftung. Die Variablen s und z dienen als Spalten- bzw. Zeilenzähler.

(2) Visible-Eigenschaft: Auf True setzen, um Grid1 sichtbar zu machen. Über befLoeschenClick wurde Visible=False gesetzt.

(3) Schleifenschachtelung: Die innere Schleife *While Z<6* geht die Zeilen 1-6 von oben nach unten durch, wobei die Spalte s unverändert bleibt.

(4) Text-Eigenschaft zum Zugriff auf die aktive Zelle, die zuvor mit den Zuweisungen Grid1.Col=s und Grid1.Row=z eingestellt worden ist.
Ab 0 zählen, wobei s=0 bzw. z=0 die Kopfspalte bzw. -zeile angibt.
Die Funktion Rnd erzeugt eine Zufallszahl zwischen 0 und 1 ausschließlich; der Str()-Ausdruck ergibt daraus eine Lottozahl 1-49.

2.2.2 Anweisung Until für nicht-abweisende Schleife

Kontrollanweisung Do-Loop Until: Die Anweisungen zwischen *Do* und *Loop Until* wiederholen. 1-10 (links) bzw. 8-9 (rechts) anzeigen.

```
i = 0                              z = 8
Do                                Do
  i := i + 1                        MsgBox Str(z)
  MsgBox Str(i)                     z = z + 1
Loop Until i = 10                 Loop Until z > 9
```

Für den Anfangswert i=10 die Schleife *Do-Loop Until i>1000* einmal durchlaufen; deshalb die Bezeichnung *nicht-abweisende Schleife*.

```
Do                               'Wiederhole die Schleife, ....
  Anweisung 1
  Anweisung 2                    'Anweisung(en), die mindestens
  ...                            'einmal ausgeführt werden
  Anweisung n
Loop Until Bedingung             '... bis Austrittsbedingung erfüllt
```

Problemstellung zu befUntil_Click: In ein mehrzeiliges Textfeld wiederholt Zeilen per InputBox eingeben und speichern, bis die Return-Taste gedrückt wird (leere Eingabe). In Bild 2-7 fünf Textzeilen:

```
Private Sub befUntil_Click()                    'von SCHLEIFE.FRM
  Dim T As String, Zeile As String, Beenden As Boolean
  Beenden = False
  Text1.Visible = True                          '(1) Zunächst versteckt
  T = ""                                        '(2) Anfangswert
  Do
    Zeile = InputBox("Text (Return=Ende)?")
    If Zeile = "" Then
      Beenden = True
    Else
      T = T + Zeile + Chr(13) + Chr(10)         '(3) Zeile anhängen
    End If
  Loop Until Beenden
  Text1.Text = T
End Sub
```

(1) Zunächst sind alle drei Steuerelemente nicht sichtbar (versteckt).

(2) In die Stringvariable T Textzeilen durch Stringverkettung anhängen bzw. speichern (in der Schleife), um dann die Übersichtstabelle im Multiline-Textfeld anzuzeigen (nach Schleife). Zunächst erhält T einen Leerstring als Anfangswert.

(3) Bei jedem Schleifendurchlauf die eingegebene Textzeile an T anhängen.

(4) Ergebnis der Stringverkettung in Text1.Text anzeigen.

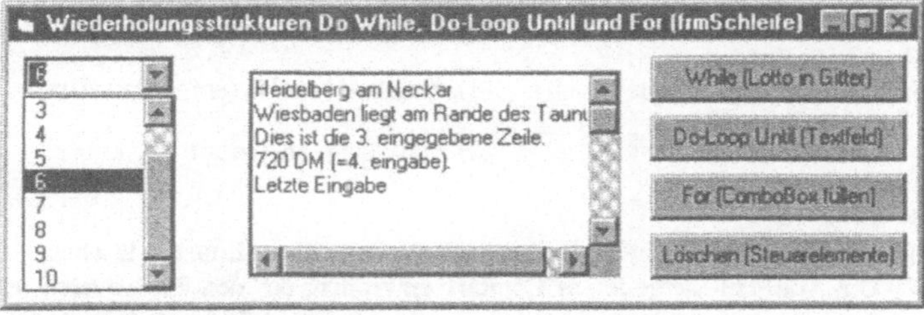

Bild 2-7: Ausführung zu befUntil_Click (Text1) und befFor_Click (Combo1 links)

Dieser Text läßt sich nun beliebig editieren: Löschen, Markieren (Sel-Length, SelStart, SelText) und Verschieben. Den String "Neckar" im Textfeld Text1 suchen und dann markieren:

```
Such = "Neckar"                                      'Was suchen?
Position = InStr(Text1.Text, "Neckar")               'Ergibt 14
Text1.SelStart = Pos - 1: Text1.SelLength = Len(Such) 'Markieren
```

2.2.3 Anweisung For für Zählerschleife

Kontrollanweisung For: Die Anweisungen zwischen For und Next
ausführen, bis der Zähler den Endwert erreicht hat. Zähler (Laufvaria-
blen) müssen abzählbar sein (Integer). Wiederholung 10 mal (links
1,2,3,...,10 ausgeben) bzw. 4 mal (20,18,16,14 ausgeben):

```
Dim i As Integer              Dim c As Integer
For i = 1 To 10               For c = 20 To 13 Step -2
  Form1.Print i                 Form1.Print c
Next i                        Next c
```

```
For Zähler= AW To EW [Step SW}     'Für Zähler, der vom Anfangswert
  Anweisung 1                      'AW bis zum Endwert EW läuft und
  Anweisung 2                      'jeweils um die Schrittweite
  ...                              'verändert wird, wiederhole ...
  [Exit For]                       'Schleife verlassen
  ...
  Anweisung n
Next Zähler                        'Zurück zu For
```

Negativer Step, falls der Anfangswert größer als der Endwert ist. Zählerschleife 4 mal (links) bzw. 1 mal (rechts) wiederholen:

```
For i = 15 To 12 Step -1          For i = 15 To 15 Step 1
```

Problemstellung zu befFor_Click: In ein Kombinationsfeld namens
Combo1 die Werte "1" bis "10" eintragen (siehe Bild 2-7 links).

```
Private Sub befFor_Click()        'von Form SCHLEIFE.FRM
  Dim i As Integer
  Combo1.Visible = True           '(1) Kombinationslistenfeld anzeigen
  For i = 1 To 10
    Combo1.AddItem Str(i)         '(2) Speichern in Combo1
  Next i
End Sub
```

(1) Die ComboBox sichtbar machen und alle derzeitigen Einträge löschen.
(2) Die AddItem-Methode auf Combo1 anwenden, um den Zählerwert i in
      Stringform als nächsten Eintrag in das Kombinationsfeld anzufügen.

ComboBox (Bild 2-7) und ListBox (Bild 1-11) im Vergleich

ListBox zeigt Einträge an (Ausgabe). ComboBox als Kombination
von ListBox (Ausgabe) und Textfeld (Eingabe). Über die Style-Eigen-
schaft vier ComboBox'es einstellen (siehe Bild 2-8).

Methoden zur Verarbeitung von ListBox bzw ComboBox

AddItem-Methode fügt einen Eintrag an das Ende der Liste hinzu. Falls Sorted=True, den neuen Eintrag automatisch sortieren.

```
Liste1.AddItem "Eintrag ..."
```

Clear-Methode löscht alle Einträge aus der Liste:

```
Liste1.Clear
```

RemoveItem-Methode löscht den aktiven bzw. angegebenen Eintrag aus der Liste. Den 4. Eintrag entfernen (es wir ab 0 gezählt):

```
Liste1.RemoveItem 3
```

Refresh-Methode erzwingt eine aktualisierte Anzeige der Liste, nachdem Änderungen vorgenommen worden sind:

```
Liste1.Refresh
```

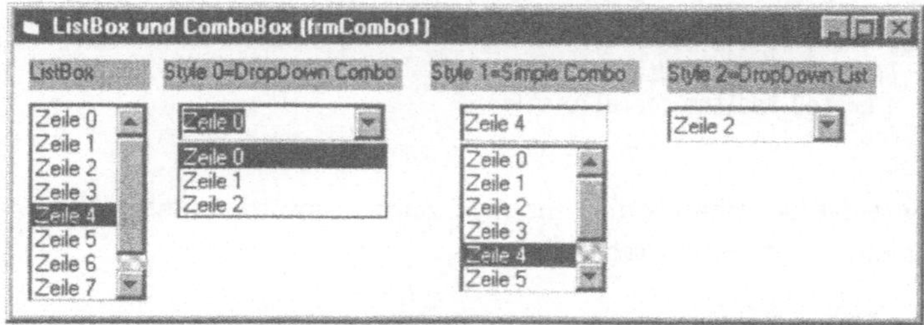

Bild 2-8: Steuerelemente ListBox zur Ausgabe und ComboBox zur Ein-/Ausgabe

Eigenschaften zur Verarbeitung von ListBox bzw. ComboBox

Die ListCount-Eigenschaft liefert die Anzahl der derzeitigen Einträge:

```
MsgBox "Anzahl der Einträge in Liste1: " & Liste1.Listcount
```

Die indizierte List-Eigenschaft gibt Zugriff auf ein bestimmtes Listenelement. Jeweils "Eintrag 0", "Eintrag 1", ... zuweisen:

```
MaxEintragsnummer = ListCount -1            'wieviele Einträge?
For i = 0 To MaxEintragsnummer
  Liste1.List(i) = "Eintrag " + Str(i)
Next i
```

Die ListIndex-Eigenschaft liefert den aktiven, markierten Eintrag:

```
MsgBox "Derzeit markiert ist der Eintrag " + Str(List(ListIndex))
```

Durch Kombination von List und ListIndex den Inhalt des aktiven Eintrags verarbeiten.

```
MsgBox Liste1.List(ListIndex))             'Lesen aktiven Eintrag
Liste1.List(ListIndex) = "Bayern München"   'Speichern
```

Ist kein Eintrag markiert, dann liefert ListIndex den Wert -1. Den derzeit markierten Eintrag aus der Liste entfernen:

```
If Liste1.ListIndex > -1 Then
  Liste1.RemoveItem Liste1.ListIndex
End If
```

Die MultiSelected-Eigenschaft von 0 (Einzelmarkierung) auf 2 stellen, um Mehrfachmarkierungen von Listeneinträgen zu ermöglichen (nicht bei ComboBox). Anliegende Zeilen über Umschalt-Taste, auseinanderliegende Zeilen über Strg-Taste markieren. In der Quellliste Liste1 mehrere Einträge markieren, um diese dann über eine Zählerschleife in die Zielliste Liste2 zu kopieren

```
Liste1.MultiSelect = 2
For i = 0 To ListCount - 1                 'alle Einträge von Liste1
  If Liste1.Selected(i) = True Then
    Liste2.AddItem Liste1.List(i)
  EndIf
Next i
```

Sorted-Eigenschaft sortiert Einträge. Sortiert/unsortiert umschalten:

```
Combo1.Sorted = Not Combo1.Sorted
```

Steuerelemente und globale Objekte von Visual Basic

Das folgende Verzeichnis kennzeichnet die *globalen Objekte kursiv*. Diese sind als Eigenschaften des fiktiven Global-Objekts verfügbar (siehe auch Bild 3-7).

App	*Form*	OptionButton
CheckBox	Frame	PictureBox
Clipboard	*Global*	*Printer*
ComboBox	Image	*PropertyPage*
CommandButton	Label	*Screen*
Control	Line	Shape
Data	ListBox	TextBox
DirListBox	*MDIForm*	Timer
DriveListBox	*Menu*	*UserControl*
FileListBox	OLE	VScrollBar, HScrollBar

Verzeichnis 2-1: Steuerelemente und globale Objekte von Visual Basic 5

2.3 Unterablaufstrukturen (Routinen)

Routinen als Sammelbegriff für *Ereignisprozeduren, allg. Prozeduren, Funktionen* und *Methoden*. Da es in VB kein Hauptprogramm für eine Anwendung gibt, muß sämtlicher Code in Unterablaufstrukturen abgelegt werden: Dies zwingt den Benutzer zur Strukturierung.

2.3.1 Dateien als Sammlungen von Deklarationen

Projekt als Summe von Dateien: Unter einem Projekt bzw. Programm versteht man eine Anzahl von Dateien (Modulen), aus denen man eine Anwendung erstellen kann. Ein Projekt besteht zumindest aus zwei Dateien – einer VBP-Datei und einer FRM-Datei.

– VBP-Datei: Projektdatei bzw. Projektbeschreibungsdatei. Enthält eine Auflistung mit den Namen aller am Projekt beteiligten Dateien.

– FRM-Datei: Formdatei mit dem *Formdesign* (Form mit Steuerelementen und deren Eigenschaftswerten) sowie den *Deklarationen auf Formebene* zu Konstanten, Variablen, Ereignisprozeduren und allg. Prozeduren.

Formmodul (FRM-Datei, Formdatei)

Form als Kollektion von *Konstanten* (Const), *Variablen* (Public, Private, Dim) und Prozeduren (Sub, Function), die als FRM-Datei gespeichert sind. Mit dem Menübefehl "Datei/Neue From" erzeugt VB eine Formdatei mit zwei Ebenen:

```
'Form Dateiname.FRM

'Allgemeine Ebene (Deklarationen)
 PUBLIC Zahl1                    'Öffentlich = projektglobal
 PUBLIC CONST ...
 PRIVATE Zahl2                   'Privat = formglobal
 PRIVATE VONST ...

'Prozedurebene (Ereignis-SUB, SUB, FUNCTION)
 SUB befBerechnen_Click
   DIM Zahl3                     'Lokale Deklarationen
   CONST ...
   Zahl3 = Val(Text1.Text)       'Anweisungen der Prozedur
   ...
 END SUB
```

Bild 2-9: Allgemeiner Aufbau einer Form bzw. FRM-Datei mit zwei Ebenen

Standardmodul (BAS-Datei)

BAS-Datei als Kollektion formglobaler Deklarationen zu Konstanten (Const), Datentypen (Type), Variablen (Public, Private, Dim) und Prozeduren (Sub, Function), die überall im Projekt bekannt sind.

Klassenmodul (CLS-Datei)

CLS-Datei, das die Deklaration einer Klasse (neuer benutzerdefinierter Objekttyp) sowie Prozeduren (Public oder Private) enthält.

Dateien eines Projekts

Ein VB-Projekt kann Dateien mit folgenden Dateitypen umfassen:
- VBP-Datei: Eine Projektdatei mit den Namen aller Dateien des Projekts.
- FRM-Datei: Mindestens eine Formdatei mit dem Formdesign und Code.
- FRX-Datei: Eine Binärdatei, falls Formen am Projekt beteiligt sind, deren Steuerelemente Eigenschaften mit Binärdaten enthalten.
- BAS-Datei: Eine oder mehrere Standardmodule mit projektglobalen Deklarationen (Datentypen, Variablen, Prozeduren).
- CLS-Datei: Eine oder mehrere Klassenmodule.
- OCX-Datei: Eine oder mehrere Zusatzsteuerelemente (wie DBGrid und CommonDialog). Ab VB5: OCX-Datei als ActiveX-Datei bezeichnet.
- RES-Datei: Eine Ressorcendatei.

Compiliertes Projekt als Anwendung (Applikation)

Mit "Datei/EXE-Datei erstellen" werden die Dateien des Projekts in eine ausführbare EXE-Datei umgewandelt. Diese Datei kann unter Windows direkt ausgeführt werden. Man bezeichnet die EXE-Datei als Anwendung.

Zwei Kennzeichen der Dateien bzw. Module von VB

Alle Dateien sind Objekte, d.h. durch ihre Eigenschaften definiert.

Module als selbständige, in sich abgeschlossene und getrennt voneinander speicherbare Dateien. Jede Datei läßt sich als ASCII-Datei bearbeiten, kopieren bzw. in andere Projekte einfügen.

Das Beispiel der Projektdatei ROUTINE.VBP zeigt, daß sowohl der externe Dateiname (PROZEDUR.FRM) als auch der interne Dateiname (Name-Eigenschaft frmProzedur) von Bedeutung sind. Ein bereits vorhandener Name muß vor dem Einfügen geändert werden.

```
' Projektdatei ROUTINE.VBP
Type=Exe
Form=FUNKTION.FRM                    '(1) Zwei Formmodule bzw. Formdateien
Form=PROZEDUR.FRM
Object={F9043C88-F6F2-101A-A3C9-08002B2F49FB}#1.1#0; COMDLG32.OCX
Object={BDC217C8-ED16-11CD-956C-0000C04E4C0A}#1.1#0; TABCTL32.OCX
Object={FAEEE763-117E-101B-8933-08002B2F4F5A}#1.1#0; DBLIST32.OCX
Object={00028C01-0000-0000-0000-000000000046}#1.0#0; DBGRID32.OCX
Reference=*\G{00020430-0000-0000-C000-000000000046}#2.0#0#..
          \WINDOWS\SYSTEM\STDOLE2.TLB#Standard OLE Types
Reference=*\G{00025E04-0000-0000-C000-000000000046}#3.5#0#..
          \PROGRAMME\GEMEINSAME DATEIEN\MICROSOFT
SHAREDC:\PROGRAMME\GEM#Microsoft DAO 2.5 Object Library
IconForm="frmFunktion"
Startup="frmP"                       '(2) Derzeitige Startdatei des Projekts
HelpFile=""
Command32=""
Name="Projekt1"
HelpContextID="0"
CompatibleMode="0"
MajorVer=1
MinorVer=0
RevisionVer=0
AutoIncrementVer=0
ServerSupportFiles=0
VersionCompanyName="Dr. Kaier"       'Softwarelizenz für ...
CompilationType=0
OptimizationType=0
FavorPentiumPro(tm)=0
CodeViewDebugInfo=0
NoAliasing=0
BoundsCheck=0                        'Initialisierungen
OverflowCheck=0                      '(Projektdatei als INI-Datei)
FlPointCheck=0
FDIVCheck=0
UnroundedFP=0
StartMode=0
Unattended=0
ThreadPerObject=0
MaxNumberOfThreads=1
```

(1) Im Projekt sind derzeit PROZEDUR.FRM und FUNKTION.FRM als Formdateien vermerkt.

(2) Die VBP-Datei als INI-Datei enthält alle Einstellungen des Projekts. So auch die Startform mit "Projekt/Projekteigenschaften/Startform".

Beim Erstellen eines neuen Projekts fügt VB die in der Datei AUTO-32LD.VBP angegebenen Dateien in die Projektdatei hinzu.

2.3.2 Ereignisprozeduren

Problemstellung zu Form PROZEDUR.FRM: Label1, Label2, Label3, bef1 und befN aufziehen. Die Ereignisprozeduren bef1_Click und befN_Click rufen die benutzerdefinierten Prozeduren Plus1 bzw. PlusN auf. Die Form in Projekt ROUTINE.VBP speichern.

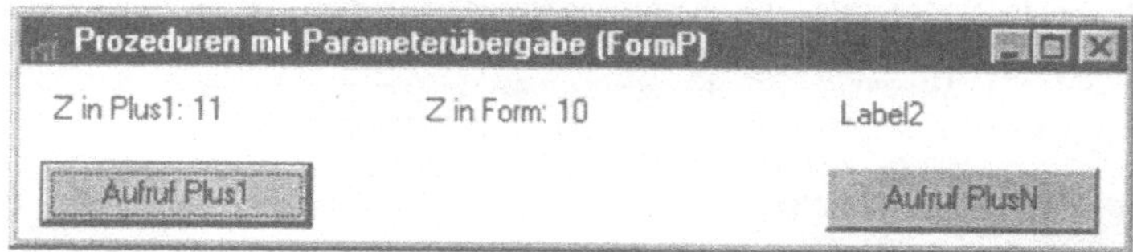

Bild 2-10: Ausführung zu Form PROZEDUR.VBP (befPlus1 wurde geklickt)

Formlisting der Datei PROZEDUR.FRM mit dem Form-Design

PROZEDUR.FRM als ASCII-Textdatei mit den Teilen **Formlistung** und **Codelisting** (alle Prozeduren mit ihren Deklarationen).

Im **Formlisting** notiert VB alle Eigenschaftwerte der Form sowie der darauf aufgezogenen Steuerelemente, soweit sie von den Standardeinstellungen abweichen. Zwei Vorteile des Formlistings:

- Die Objekthierarchie der Form dokumentieren. Das Form-Objekt (Name-Eigenschaft frmP) bildet den grundlegenden Begin-End-Block. Dieses Objekt dient als Container für mehrere Steuerelemente als geschachtelte Objekte – hier für die Objekte befN, bef1, Label1, Label2 und Label3.

- Form und Steuerelemente entweder direkt in der VBP-Textdatei oder über Menübefehle der IDE von VB bearbeiten: Die Definitionen der Objekte lassen sich markieren, kopieren, verändern usw.

```
'Formdatei bzw. Standardmodul PROZEDUR.FRM
VERSION 5.00                       'Version Visual Basic 5.0
Begin VB.Form frmP                   '(1) frmP als Objekt des Form-Objekttyps
   BackColor       =   &H00FFFFFF&
   Caption         =   "Prozeduren mit Parameterübergabe (frmP)"
   ClientHeight    =   1110
   ClientLeft      =   1140
   ClientTop       =   1515
   ClientWidth     =   7305
   LinkTopic       =   "Form1"
   PaletteMode     =   1  'ZReihenfolge
   ScaleHeight     =   1110
   ScaleWidth      =   7305   'Eigenschaftswerte
```

```
   Begin VB.CommandButton befN   '(2) befN vom Objekttyp CommandButton
      Caption         =    "Aufruf PlusN"
      Height          =    375          'Aussehen von Befehlsschaltfläche
      Left            =    5400         'befN siehe Bild 2-10 rechts
      TabIndex        =    1
      Top             =    600
      Width           =    1215
   End
   Begin VB.CommandButton bef1 'bef1 ist Objekt vom CommandButton-Typ
      Caption         =    "Aufruf Plus1"
      Height          =    375
      TabIndex        =    0
      Top             =    600
      Width           =    1215
   End
   Begin VB.Label Label3     'Label3 ist Objekt vom Label-Objekttyp
      Caption         =    "Label3"
      Height          =    255
      Left            =    2400                 'siehe Bild 2-10
      TabIndex        =    4
      Top             =    120
      Width           =    2175
   End
   Begin VB.Label Label2     'Label2 ist Instanz der Label-Klasse
      Caption         =    "Label2"
      Height          =    255
      Left            =    5160
      TabIndex        =    3
      Top             =    120
      Width           =    1935
   End
   Begin VB.Label Label1     'Label1 als weiteres Steuerelemente-Objekt
      Caption         =    "Label1"
      Height          =    255
      Left            =    240
      TabIndex        =    2
      Top             =    120
      Width           =    1815
   End
End
Attribute VB_Name = "frmP"                  'Name-Eigenschaft der Form
Attribute VB_GlobalNameSpace = False
```

VB erzeugt Instanzvariablen für jedes Steuerelement

(1) Die Form frmP ist ein Objekt, das alle voreingestellten Eigenschaften
der Form als Objekttyp bzw. Klasse erbt:

```
   VB.Form frmP                          'Instanzvariable frmP
```

(2) Entsprechend ist befN ein Objekt, das vom CommandButton als Objekttyp bzw. Klasse abgeleitet ist und somit alles seine Eigenschaften erbt.

```
    VB.CommandButton befN        'Deklaration von Objekt befN
```

Da befN im Begin-End-Block von frmP eingetragen ist, ist befN ein Objekt von frmP:

```
    frmP.befN_Click              'Prozeduraufruf von anderer Form aus
```

(3) Der Left-Eigenschaft den Wert 5400 Twips beim Aufziehen der Befehlsschaltfläche befN oder über VB-Code zuweisen.

Codelisting der Datei PROZEDUR.FRM mit dem VB-Code

Das Formlisting enthält das Form-Design (Objekte und Eigenschaften der Form), während das Codelisting alle Deklarationen (Konstanten, Typen, Variablen und Prozeduren) der Form der allgemeinen Ebene sowie der Prozedurebene (siehe Bild 2-9) enthält.

```
'Form PROZEDUR.FRM                'von Projekt ROUTINE.VBP
Option Explicit                   'Alle Bezeichner sind zu deklarieren
Public Z As Integer               '(1) Projektglobale Variable Z

Private Sub Form_Load()           '(2) Initialisierungscode ausführen
  Z = 10
  Label3.Caption = "Z in Form: " + Str(Z)
End Sub

Private Sub bef1_Click()          '(3) Ereignisprozedur stets formglobal
  Plus1 Z                         '(4) Prozedur Plus1 aufrufen
  Label3.Caption = "Z in Form: " + Str(Z)   '(5) Meldung
End Sub

Public Sub Plus1(ByVal Z As Integer)
  Z = Z + 1                       '(6) Lokales Z erhöhen
  Label1.Caption = "Z in Plus1: " + Str(Z)
End Sub

Private Sub befN_Click()          '(7) Click-Ereignis auf befN?
  PlusN Z, 9                      '(8) Aufruf der allg. Prozedur PlusN
  Label3.Caption = "Z in Form: " + Str(Z)    '(9) projektglobales Z
End Sub

Public Sub PlusN(Z As Integer,ByVal n As Integer) '(10) Allg.Prozedur
  Z = Z + n                                       '(11) global
  frmP.Label2.Caption = "Z in PlusN: " + Str(Z)   '(12) lokales Z
End Sub
```

Zur Struktur der Formdatei PROZEDUR.FRM von ROUTINE.VBP:

 (1) Eine mit Public im Allgemeinteil der Form deklarierte Variable Z ist projektglobal bekannt (öffentlich), also in allen Dateien (FRM, BAS) des Projekts. Hier könnte man *Public Z* durch *Private Z* ersetzen.

 (2) Form_Load: Anfangswert für formglobale Variable Z setzen.

 (3) befl_Click aufrufen: Ereignisprozeduren sind stets privat, also formglobal nur in der jeweiligen Form bekannt. *Private Sub* könnte man durch *Sub* ersetzen. Es gibt keine öffentlichen Ereignisprozeduren; aber: über *frmP.befl_Click* anstelle von *befl_Click* läßt sich die Prozedur auch von einer anderen Form aus aufrufen.

 (4) Prozedur Plus1 aufrufen: Zugriff auf die projektglobale Variable Z.

 (5) Über Label3 ausgeben: Z

 (6) Innerhalb von Ereignisprozedur Plus1:

 (7) Befehlsschaltfläche anklicken.

 (8) Aktuelle Parameter Z und 9 übergeben an Z (Ausblenden-Regel, da zwei gleichnamige Variablen Z) und n (Werteparameter).

 (9) Meldung.

(10) Prozedur PlusN aufrufen

(11) In PlusN: Die allg. Prozeduren PlusN und Plus1 sind mit Public als projektglobal deklariert, also von jeder Datei des Projekts aus aufrufbar.

(12) Zugriff auf den Parameter Z, der wie eine lokale Variable behandelt wird (das projektglobale Z wird also ausgeblendet bzw. bleibt unberührt).

VB bietet für jede Ereignisprozedur eine Schablone an

Beim Erstellen der neuen Form PROZEDUR.FRM mit "Datei/Neue Form" stellt VB automatisch das Grundgerüst einer leeren Formdatei bereit. Werden neue Steuerelemente aufgezogen, dann aktualisiert VB die im Codefenster verfügbaren Ereignisse: Zu jedem Ereignis wird eine Ereignisprozedurschablone (Prozedurrahmen) angeboten. Löscht man zum Beispiel befB, dann verschiebt VB den zugehörigen Code der Prozedur befB_Click in den Allgemeinteil der Form.

VB komplettiert die Ereignisprozedur-Deklaration

Sobald man Code für eine Ereignisprozedur (auch Ereignisbehandlungsprozedur bzw. Event Handler genannt) zwischen Sub und End Sub eingetragen hat, markiert VB den Ereignisnamen im Ereignis-Listenfeld fett.

Jede Ereignisprozedur ist eine Methode ihres Formulars

Deshalb wird beim Kopieren einer Form auch alle Ereignisprozeduren mitkopiert. Eine Methode ist eine objektbezogene Anweisung. Beim Aufruf stellt man das Objekt dem Methodennamen durch einen "." getrennt voran:

```
Objekt.Methode                                  {allgemein}
frmP.befN_Click()                               {Beispiel}
```

Die Ereignisprozedur befN_Click ist eine Methode der Form frmP.

Eine Ereignisprozedur von einer anderen Prozedur aus aufrufen

Wie bei normalen Prozeduren den Namen hinschreiben. Beispiel:

```
befN_Click                  'Keine Parameterliste bei Click
FormP.befN_Click            'wenn von anderer Form aus aufgerufen
```

2.3.3 Prozeduren mit Parametern

Eine Prozedurdeklaration besteht aus drei Teilen:

```
[Private/Publick][Static] Sub Name [(Parameterliste)]    '(1) Kopf
  [Dim Variablenliste]                          '(2) Deklarationen
  [Static Variablenliste]
  Anweisungen                                   '(3) Anweisungsteil
  ...
  [Exit Sub]
End Sub
```

(1) Kopfzeile der Prozedur: Gültigkeitsbereich der Prozedur lokal (Private), formglobal bzw. öffentlich (Public). Werte aller Variablen auch nach Prozedurende dauerhaft beibehalten (Static). Parameterliste optional.

(2) Deklarationsteil: Lokal in der Prozedur (Dim) oder permanent (Static).

(3) Anweisungsteil: Vordefinierte Anweisungen sowie Prozeduranweisungen (also Prozeduraufrufe). Die Exit Sub-Anweisung verläßt die Prozedur und wechselt zur rufenden Ebene zurück.

Vordefinierte Prozeduren (Bibliotheks-Prozeduren)

Die vordefinierte Prozedur MsgBox (siehe Kapitel 1.2.3) ist mit einem formalen Parameter namens Meldung deklariert:

```
Sub MsgBox (Meldung As String)                  'Deklaration
```

Zum Aufruf schreibt man den Prozedurnamen in eine Zeile, gefolgt vom *aktuellen Parameter* (auch *Argument* genannt).

```
MsgBox ("Ende erreicht!")              '1. Aufruf
MsgBox "Ende erreicht!"                '2. Aufruf: Klammer kann entfallen
MsgBox "Ihre Eingabe: " + Str(E )      '3. Aufruf: Stringverkettung
```

Bei Deklaration und Aufruf von benutzerdefinierten Prozeduren gelten die gleichen Regeln wie bei vordefinierten Prozeduren.

2.3.3.1 Werteparameter Übergabe "By Value"

Benutzerdefinierte Prozedur Plus1 von bef1_Click aufrufen

Schritte (1) bis (6) im VB-Code zu PROZEDUR.PAS:

(1) Die Variable Z formglobal (vor allen Prozeduren) deklarieren.

(2) Nach dem Ausführungsstart die Prozedur Form_Load ausführen und Z=10 zuweisen. Z ist an jeder Stelle der Form mit dem Wert 10 bekannt.

(3) bef1 anklicken. Die Ereignisprozedur bef1_Click wird ausgeführt und ruft die Prozedur Plus1 auf.

(4) Der Prozeduraufruf Plus1(Z) kopiert den Wert 10 in eine neue Variable Z. *Der Parameter Z wird von VB wie eine lokale Variable verwaltet, die nur in der Prozedur Plus1 gültig ist*.

(5) Die Prozedur Plus1 wird ausgeführt. Z um 1 zu 11 erhöhen und die 11 in Label1 anzeigen. Danach in die rufende Ebene von bef_Click zurückkehren. Mit dem Verlassen der Prozedur Plus1 erlischt das lokale Z.

(6) Über Label3 Z=10 ausgeben (siehe Bild 2-10): Die formglobale Variable Z ist unverändert geblieben.

Ausblenden-Regel gleichnamiger Variablen: Es gilt stets der letzte Bezeichner bzw. die letzte Deklaration; der übergeordnete Bezeichner ist vorübergehend ausgeblendet bzw. überdeckt. Bei jedem Aufruf der Prozedur bef1_Click wiederholt sich Bild 2-10: Das lokale Z wird zu 11, während das formglobale Z unverändert 10 bleibt.

2.3.3.2 Variablenparameter Übergabe "By Reference"

Benutzerdefinierte Prozedur PlusN von befN_Click aufrufen

Schritte (1) und (7) bis (12) im VB-Code zu PROZEDUR.FRM:

(1) Die Variable Z formglobal mit Z=10 initialisieren.

(7) befN anklicken; befN_Click ausführen und PlusN aufrufen.

(8) Der Prozeduraufruf PlusN(Z,9) übergibt 10 nach Z und 9 nach n.

(10) In der Prozedur PlusN ist n als *Werteparameter* deklariert: Der Wert 9 wird in die lokale Variable n kopiert. n ist nur innerhalb PlusN gültig. Durch Weglassen von ByVal ist Z als *Variablenparameter* deklariert: Die Referenz (Adresse bzw. Speicherplatz) des formglobalen Z wird übergeben, d.h. die Prozedur PlusN erhält Zugriff auf das formglobale Z. *Das lokale Z zeigt auf den gleichen Speicherplatz wie das in PROZEDUR.FRM global (Public) deklarierte Z.* Z um 9 auf 19 erhöht.

(11) Nach Verlassen von PlusN weist das formglobale Z den Inhalt 19 auf.

Mit jedem Aufruf von PlusN erhöht sich Z um 9 auf 19, 28, 37, ...

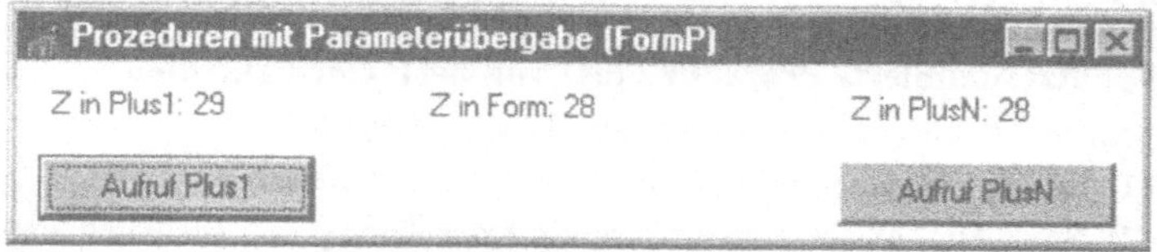

Bild 2-11: Ausführung zu PROZEDUR.FRM (2mal befN, 1mal bef1)

Übergabe "By Value" erzwingen durch ByVal oder Klammerung

− Im Prozedurkopf bei Deklaration: ByVal vor der Variablen angeben.
```
Sub PPP(ByVal X As Single)      'Formaler Parameter X
```
− In Prozeduranweisung bei Aufruf: Variable in Klammern setzen.
```
PPP (Y)                         'Aktueller Parameter Y
```

Übergabe "By Value" über Werteparameter: Bei dem Prozeduraufruf PlusN(Z,9) den Wert 9 in die Prozedur kopieren und im Parameter n als lokaler Variable ablegen. Änderungen an n sind möglich, wirken sich aber nicht auf die rufende Ebene aus.

Übergabe "By Reference" über Variablenparameter: Bei Prozeduraufruf PlusN(Z,9) die Adresse von Z an PlusN übergeben. Jede Änderung am Parameter wirkt sich somit auf Z aus.

2.3.4 Funktionen

2.3.4.1 Jede Funktion liefert ein Funktionsergebnis

Problemstellung zu Form FUNKTION.FRM Identisch zur vorangehenden Form PROZEDUR.FRM von Bild 2-10, aber Funktionen anstelle von Prozeduren. Die Prozeduren Plus1 und PlusN bezwecken exakt dasselbe wie die Funktionen Plus1 und PlusN.

Bild 2-12: Ausführung zu Unit FUNKTION.FRM von ROUTINE.VBP

Integer-Funktion Plus1 mit Werteparameter X

```
'Form FUNKTION.FRM                                      von ROUTINE.VBP
Option Explicit
Public Z As Integer

Private Sub Form_Load()                                  '(1)
  Z = 10
  Label1.Caption = "Z in Form: " + Str(Z)
End Sub

Private Sub bef1_Click()
  Z = Plus1(Z)                                           '(2)
  Label1.Caption = "Z in Form: " + Str(Z)                '(5)
End Sub

Public Function Plus1(ByVal X As Integer) As Integer '(3)
  X = X + 1
  MsgBox "X in Plus1: " + Str(X)
  Plus1 = X                                              '(4)
End Function
```

(1) Form_Load: Eine formglobale Variable Z mit Z=10 als Anfangswert bereitzustellen.

(2) Beim Aufruf Z=10 in den Parameter X kopieren. X auf 11 erhöhen und bei Verlassen der Funktion 11 als Funktionsergebnis nach Z übergeben.

(3) Funktionsdeklaration mit X als Werteparameter und Integer als Ergebnistyp (Datentyp des Funktionsergebnisses).

(4) Im Anweisungsteil muß mindestens einmal das Ergebnis dem Funktionsnamen Plus1 zugewiesen werden.

(5) Das formglobale Z hat nun ebenfalls den Wert 11 erhalten.

Integer-Funktion PlusN mit Variablenparameter Z

```
Private Sub befN_Click()                      'von FUNKTION.FRM
  Label1.Caption = "Z in Form: " + Str(PlusN(Z, 9)) '(1)
End Sub

Public Function PlusN(Z As Integer, ByVal n As Integer) As Integer
  Z = Z + n                                            '(2)
```

```
   Label1.Caption = "Z in PlusN: " + Str(Z)
   PlusN = Z                                 '(3) Ergebnis
End Function                                 '(4) Ende
```

(1) **Funktionsaufruf**

(2) **Variablenparameter Z verändern, also formglobal wirksam.**

(3) **Das Funktionsergebnis Z dem Funktionsnamen PlusN zuweisen. Ohne diese Zuweisung meldet VB einen Fehler. Gleichwohl: Die Funktion liefert den um 9 erhöhten Wert gleich zweimal an befNClick zurück: Über Z als Variablenparameter und über das Funktionsergebnis.**

(4) **Die Funktion beenden, zurück zu befN_Click und das Funktionsergebnis dort direkt an die Str-Funktion übergeben.**

Die Funktionsdeklaration besteht aus vier Teilen

1. Kopf, 2. Deklarationen, 3. Anweisungsteil, 4. Funktionsergebnis.

```
[Public/Private][Static] Function Name([Parameter]) As Ergebnistyp
  [Dim/Static Variablenliste]          '(2) Deklarationen
  Anweisungen ...                      '(3) Anweisungen
  Name = Ergebnis                      '(4) Funktionsergebnis
  Anweisungen ...
End Function
```


Das Funktionsergebnis abliefern an ... (Funktionsaufruf-Beispiele)

```
MsgBox('Wert: ' + Str(Plus1(Z))           'Parameter
If Plus1(Z) > 100 Then ...                 'Vergleichsausdruck
While 0 < Plus1(VV) Do ...                 'Vergleichsausdruck
Summe = Plus1(A) + 44                      'Rechenausdruck
Ergebnis = Plus1(666)                      'Variable
Zahl88IstGespeichert = Plus1(i) = 88       'Vergleichsausdruck
```

Ergebnis des Funktionsaufrufes Plus1(i) mit 88 vergleichen und dann das Vergleichsergebnis (True oder False) an die Variable zuweisen.

2.3.4.2 Steuerelement als Parameter

Problemstellung zu Form EREIG3.FRM: Die Form EREIG2.FRM von Projekt EREIGNIS.VBP (siehe Bild 1-12) so erweitern, daß leere Eingaben in txtDM sowie txtFF, die VB mit einem Fehlerabbruch quittieren würde, über die Funktion Leer abgewiesen werden.

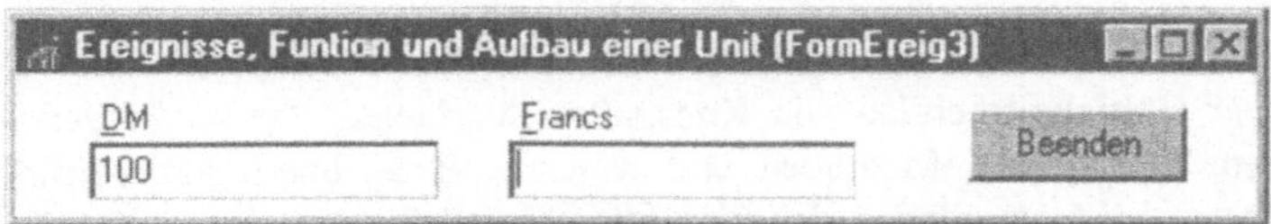

Bild 2-13: Ausführung zu EREIG3.FRM (Leereingabe in txtFF wird abgewiesen)

```
'Form EREIG3.FRM                                    von EREIGNIS.VBP
Option Explicit

Private Sub txtDM_Change()
  If Leer(txtDM) Then                              '(1)
    txtDM.Text = "1"                               '(2)
    Exit Sub                                        '(3)
  End If
  txtFF.Text = Str(Val(txtDM.Text)                 '(4)
End Sub


Public Function Leer(ByVal txtN As Control) As Boolean '(5)
  Leer = txtN.Text = ""                            '(6)
End Function


Private Sub txtFF_KeyPress(KeyAscii As Integer)
  If KeyAscii = 13 Then
    If Not Leer(txtFF) Then
      txtDM.Text = Str(Val(txtFF) / 3)
    End If
  End If
End Sub
```

(1) Aufruf von Prozedur Leer, wobei txtDM als Name des linken Textfeld-Steuerelements (Bild 2-13) der Instanzvariablen txtN übergeben wird.

(2 Dem Textfeld txtDM.Text muß ein gültiger Wert zugewiesen werden, da jede Zuweisung an die Text-Eigenschaft ein Change-Ereignis auslöst.

(3) Die Exit-Anweisng verläßt die Prozedur.

(4) txtFF in Parameter txtN kopieren. Ergebnis von Leer(txtFF) ist True bzw. False. Der Not-Operator negiert das Ergebnis in False bzw. True.

(5) txtN als Werteparameter vom Typ Control, d.h. als Platzhalter für Steuerelemente bzw. Controls. Leer als Boolean-Funktion, da Boolean als Ergebnistyp (True oder False) vereinbart ist.

(6) Zwei identische Codes, um True oder False nach Result zuzuweisen:

```
    If txtN.Text = "" Then            Leer = EditN.Text = ""
      Leer = True
    Else
      Leer = False
    End If
```

2.3.5 Gültigkeitsbereich von Bezeichnern

Der Gültigkeitsbereich von Konstanten, Variablen, Typen, Prozeduren, Funktionen, Methoden und weiteren Bezeichnern kann *lokal*, *formlokal (privat)* oder *global (public, öffentlich)* sein.

Gültigkeitsbereich von Variablen und Konstanten

Der Gültigkeitsbereich einer Variablen wird durch die Anweisungen Dim, Private und Public bzw. die Stelle festgelegt, an der die Deklaration im Code angegeben ist (Bild 2-14). Bei gleichnamige Variablen gilt der lokalere Bezeichner (Ausblenden-Regel, Kapitel 2.3.3.1). Prinzip: Variablen lokal deklarieren, um Nebeneffekte zu vermeiden.

Wo deklariert?	*Wo gültig bzw. bekannt?*	*Beispiel?*
In einer Prozedur oder Funktion mit **Dim**	Nur innerhalb der jeweiligen Routine (Prozedur, Funktion): **Dim = lokal**	i in Prozedur befFor_Click (Kapitel 2.2.3).
Im Allgemeinteil von FRM- u. BAS-Datei mit **Private**	In dieser Form, d. h. in allen ihren Prozeduren u. Funktionen: **Private = formglobal**	Z in Unit PRO-ZEDUR.FRM (Kapitel 2.3.2).
Im Allgemeinteil von FRM- u. BAS-Datei mit **Public** (Bild 2-9)	Überall im Projekt, also in allen Dateien. **Public = projektglobal**	FormP als Form-variable in PRO-ZEDUR.PAS (Kapitel 2.3.2)

Bild 2-14: Der Geltungsbereich von Variablen ist lokal, formglobal oder projektglobal

Gültigkeitsbereich von Routinen (Prozedur, Funktion, Methode)

Für Routinen gelten dieselben Gültigkeitsbereiche wie für Variablen:

- **Formlokale Routine:** Mit Private in einer Form deklariert. Ereignisprozeduren sind immer formlokal.

- **Globale Routine:** Mit Public im Allgemeinteil einer FRM-Datei oder in einer BAS-Datei deklariert.

Zugriff auf Deklaration außerhalb des Gültigkeitsbereichs mit "."

Dem Namen der Deklaration den Namen des Blocks, in dem sie vereinbart ist, und einen Punkt voranstellen. In PROZEDUR.FRM in Kap. 2.3.2 das Steuerelement Label1 über Prozedur Plus1 erreichen:

```
Blockname.Deklaration              'Allgemein
frmP.Label1.Caption = "..."        'Beispiel
```

3 Objektorientierte Programmierung

Formen, Steuerelemente, Grafiken, Listen, Datenbanken – für VB sind alles **Objekte**, die man erzeugen, bearbeiteen und löschen kann.

3.1 Drag and Drop (Ziehen und Loslassen)

Problemstellung zu Form DRAG1.FRM: Die Steuerelemente Command1, Frame1, Text2, HScroll1, VScroll1, Label1 und Label2 mit der Maus ziehen (Dragging). Während des Ziehens über Text1 dessen Hintergrund rot einfärben (DragOver-Ereignis). Beim Loslassen der Maus über der ListBox (DragDrop-Ereignis) den Namen des gezogenen Steuerelements in die Liste eintragen sowie in HScroll den Schieber um 5000 Twips erhöhen.

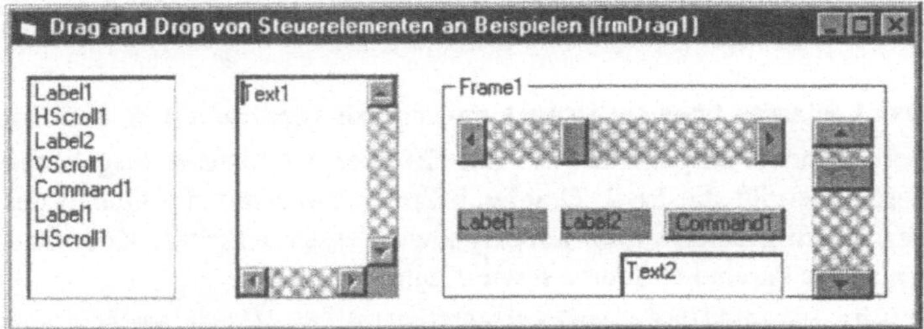

Bild 3-1: Ausführung zu Form DRAG1.FRM von Projekt OBJEKTE.VBP

Vier Schritte kennzeichnen das Drag and Drop

1. *Objekte als Quelle (Source) festlegen*, für die das Ziehen möglich sein soll: DragMode-Eigenschaft bzw. Drag-Methode für die Quelle.

2. *Gezogene Objekte auf dem Weg von Quelle zum Ziel akzeptieren:* Drag-Over-Ereignis für das Ziel.

3. *Objekte über einem Ziel loslassen:* DragDrop-Ereignis für das Ziel.

4. *Das Loslassen für die Quelle verarbeiten:* Source-Parameter im Drag-Drop-Ereignis für Quelle abfragen mit If TypeOf.

Das Ziehen über die DragMode-Eigenschaft beginnen (Schritt 1)

Sieben Steuerelemente sollen gezogen werden können, also als Quelle zum Ziehen dienen. Dazu die DragMode-Eigenschaft auf 1 setzen:

```
Private Sub Form_Load()                          'von Form DRAG1.FRM
  Label1.DragMode = 1: Label2.DragMode = 1
```

```
  HScroll1.DragMode = 1: VScroll1.DragMode = 1
  Text2.DragMode = 1: Frame1.DragMode = 1: Command1.DragMode = 1
End Sub
```

Nun beginnt das Ziehen automatisch, sobald der Benutzer mit der Maus auf Label2 zeigt. Alternative: Voreinstellung DragMode=0 lassen und später über die Methode *Label1.Drag 1* das Ziehen beginnen.

Während des Ziehens DragOver-Ereignisse verarbeiten (Schritt 2)

Wird eine Komponente über dem Textfeld Text1 gezogen, dann empfängt Text1 wiederholt ein DragOver-Ereignis. Beim Eintreten (Eigenschaft State=0) soll Text1 rot eingefärbt werden, beim Verlassen (State=1) wieder weiß. State=2 betrifft das Bewegen über Text1.

```
Private Sub Text1_DragOver(Source As Control, X As Single,
                           Y As Single, State As Integer)
  If State = 0 Then Text1.BackColor = QBColor(4)      'rot
  If State = 1 Then Text1.BackColor = QBColor(15)     'hellweiß
End Sub
```


Das Loslassen über ein DragDrop-Ereignis verarbeiten (Schritt 3)

Sobald eine Komponente (wie Label2) über der ListBox losgelassen wird, übergibt die List1_DragDrop-Ereignisprozedur die Quelle des gezogenen Elements (hier Label2) sowie dessen derzeitige Koordinaten an die Parameter Source sowie X und Y.

```
Private Sub List1_DragDrop(Source As Control,       '(1) Parameter
                           X As Single, Y As Single)
  If Not TypeOf Source Is TextBox Then               '(2) Kein Textfeld?
    List1.AddItem Source.Name                         '(3) Name anzeigen
  End If
  If TypeOf Source Is HScrollBar Then                '(4) Bildlaufleiste?
    If Source.Value < Source.Max - 5001 Then
      Source.Value = Source.Value + 5000   'von Min=0 bis Max=32767
    End If
  End If
End Sub
```

(1) Operator As deklariert für die Objektvariable Source den Datentyp Control, um Zugriff auf das abgesetzte Steuerelement zu geben.

(2) Zur Entwurfszeit ist nicht bekannt, welches Steuerelement über List1 abgesetzt wurde. Deshalb über *If TypeOf* den Namen des Controls ermitteln (Verzeichnis 3-1). Für die Steuerelementenamen erwartet VB die englische Namensangabe, wie hier TextBox. Werden Textfelder losgelassen, dann soll ihr Name nicht in die ListBox eingetragen werden.

(3) Mit *Source.Name* die Name Eigenschaft als nächsten Eintrag in die List-
Box hinzufügen (Bild 3-1). Dem Parameter Source wurde das gezogene
Objekt zugewiesen. Source ist eine Objektvariable vom Typ Control.

(4) Beim Absetzen der HScroll1 den Schieber der Bildlaufleiste durch Erhöhen der Position-Eigenschaft um 5000 Twips nach rechts bewegen:

Zwei Bildlaufleisten-Steuerelemente aneinander koppeln

Die VScroll1 soll ihre Position automatisch an die HScroll1 anpassen.
Dazu die Value-Eigenschaft halbieren. Hier liegt eine *einseitige
Kopplung* vor (ohne Rückkopplung von VScroll1 an HScroll1).

```
Private Sub HScroll1_Change()                  'von DRAG1.FRM
   VScroll1.Value = HScroll1.Value / 2
End Sub
```

Objekte beim Beenden des Dragging verschwinden lassen

Das Textfeld Text1 soll als "Grab" dienen: Wird Label1 oder Label2
über Text1 losgelassen, dann soll das jeweilige Steuerelement über die
Visible-Eigenschaft unsichtbar gemacht werden.

```
Private Sub Text1_DragDrop(Source As Control,X As Single,Y As Single)
   If TypeOf Source Is Label Then              'Wurde Label abgesetzt?
     Source.Visible = False                    'Label verschwinden lassen
   End If
End Sub
```

Form und Steuerelemente als Objekte

Eine Form und die Steuerelemente der Werkzeugsammlung sind als
Klassen (Objekttypen) mit vordefinierten Eigenschaften, Methoden
und Ereignissen ausgestattet.

Die Form ist eine Klasse, von der VB zur Ausführungszeit dann eine
Instanz namens frmDrag1 erstellt.

Zieht man ein Steuerelement auf der Form auf, dann erstellt VB eine
Instanz (z.B. Label1) der Klasse (Label). Die Instanz ist ein Objekt,
das als identische Kopie ihrer Klasse erstellt wird, um dann Eigenschaftswerte zu ändern.

Verzeichnis 3-1 zeigt die Steuerelemente mit ihren Klassennamen
(Spalte 2) und den Standard-Eigenschaften, die man weglassen kann:

```
lblHinweis.Caption = "nun speichern"     lblHinweis = "nun speichern"
txtEingabe.Text = "120 DM"               txtEingabe = "120 DM"
```

Steuerelement:	If TypeOf-Name (Klassenname):	Präfix US, D:	Standard-Eigenschaft:
Anzeige	Image	img, anz	Picture
Befehlsschaltfl.äche	CommandButton	cmd, bef	Value
Bezeichnung	Label	lbl, bez	Caption
Bildfeld	PictureBox	pic, bld	Picture
Dateiliste	FileListBox	fil	Filename
Datensteuerelement	Data	dat	Caption
DBListe	DBListBox	dbl	Text
DBKombi	DMComboBox	dbc	Text
DBTabelle	DBGrid	dbg	Text
Figurenfeld	Shape	shp, fig	Shape
Form	Form	frm	Caption
Horizont. Bildlauf	HScrollBar	hsb	Value
Kombinationsfeld	ComboBox	cbo, kom	Text
Kontrollkästchen	CheckBox	chk, kon	Value
Laufwerkslistenfeld	DriveListBox	drv, lfw	Drive
Linie	Line	lin	Visible
Listenfeld	ListBox	lst	Text
Menü	Menu	mnu	Enabled
Optionsfeld	OptionButton	opt	Value
Rahmen	Frame	frm, rhm	Caption
Standarddialog	CommonDialog	dlg	Action
Tabelle, Gitter	Grid	grd	Text
Textfeld	TextBox	txt	Text
Vertikaler Bildlauf	VScrollBar	vsb	Value
Verzeichnisliste	DirListBox	dir	Path
Zeitgeber	Timer	tmr	Enabled

Verzeichnis 3-1: Steuerelemente mit Objektnamen, Präfix und Standard-Eigenschaft
(siehe auch Bild 3-10)

Beim Aufziehen zweier Schaltflächen erstellt VB zwei Instanzen der Klasse CommandButton namens Command1 und Command2. Diese Objekte verfügen über die gesamte *Funktionalität (Eigenschaften, Methoden und Ereignisse)* ihrer Klasse. Der Benutzer kann die Name-Eigenschaften z.B. in befStart und befStop (Präfix D) bzw. cmdStart und cmdStop (Präfix US) ändern. Die US-Klassennamen in Spalte 2 sind wichtig für TypeOf-Schlüssel und NameOf-Funktion:

```
If TypeOf Source Is CommandButton Then ...      'Parameter?
If NameOf(cmdStart) Is CommandButton Then ...   'Befehlsschaltfläche?
```

3.2 Auf Objekte zeichnen

VB stellt vier Objekte bzw. Steuerelemente zum Zeichnen bzw. für die Grafikausgabe bereit:

- Form (Form-Objekt), also auf das Fenster direkt zeichnen.
- Bildfeld (PictureBox-Objekt): *Das* Grafikobjekt von VB schlechthin.
- Anzeige (Image-Objekt): Gegenüber Bildfeld begrenzte Möglichkeiten.
- Drucker (Printer-Objekt) zum Ausdrucken.

Formen der Grafikprogrammierung unter VB

Grafik bereits zur Entwurfszeit erstellen: Fertige Grafikdateien (Icons, Bitmaps) in Steuerelementen wie Anzeige und Bildfeld ausgeben. Oder Figuren (Shapes) wie Kreis und Rechteck ausgeben.

VB-Code schreiben, um eine Grafik zur Ausführungszeit zu erstellen und anzeigen zu lassen. Dazu entweder Grafikmethoden nutzen (wie Circle und Line) oder GDI-Funktionen (Graphical Device Interface) als Bestandteil der Windows-API verwenden.

3.2.1 Beim Drücken der Maustaste zeichnen

Problemstellung zu Form GRAFIK1.FRM: An der MouseDown-Position die Koordinaten (X,Y) als Text anzeigen und von diesem Punkt aus bis zur MouseUp-Position jeweils eine Linie zeichnen.

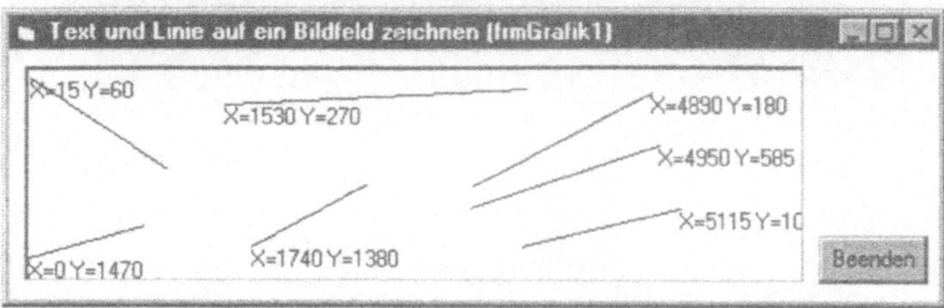

Bild 3-2: Ausführung zu Form GRAFIK1.FRM von Projekt OBJEKTE.VBP

Grafikmethoden Print und Line

```
Private Sub bldB_MouseDown(Button As Integer, Shift As Integer, '(1)
                      X As Single, Y As Single)
  bldB.CurrentX = X: bldB.CurrentY = Y                          '(2)
  bldB.Print "X=" & X & " Y=" & Y                               '(3)
  bldB.CurrentX = X: bldB.CurrentY = Y                          '(4)
End Sub
```

(1) Das MouseDown-Ereignis tritt auf, sobald die Maustaste gedrückt wird.

(2) Die derzeitige Position des Cursors übernehmen.

(3) Die Print-Methode gibt die aktuelle Cursorposition aus. Print verändert die aktuelle Cursorposition (CurrentX, CurrentY).

(4) Ursprüngliche Cursorposition wieder übernehmen.

```
Private Sub bldB_MouseUp(Button As Integer, Shift As Integer,
                        X As Single, Y As Single)
  bldB.Line -(X, Y)                              '(5) Linie
End Sub
```

(5) Die Line-Methode zeichnet eine Linie von der aktuellen Cursorposition bis zum MouseUp-Punkt (X,Y) auf das Bildfeld (PictureBox) bldB.

3.2.2 Beim Bewegen der Maus zeichnen

Problemstellung zu Form GRAFIK2.FRM: Über das bei jedem Bewegen der Maus gemeldete MouseMove-Ereignis auf die Zeichenfläche eines Bildfeldes (PictureBox) namens bldB (oben grau) sowie auf die Form frmGrafik2 direkt (unten hell) zeichnen. Auf die Form wird "Visual" punktiert und "Basic" skizziert gemalt:

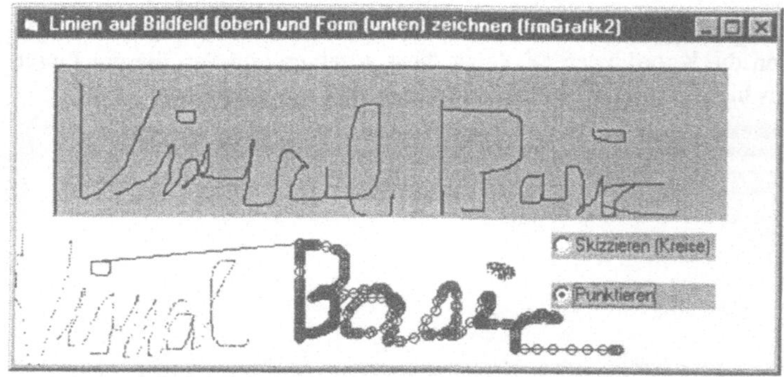

Bild 3-3: Ausführung zu Form GRAFIK2.FRM von Projekt OBJEKTE.VBP

Auf die Zeichenfläche des Bildfeldes bldB Linien zeichnen

```
'Form GRAFIK2.FRM                    'von OBJECTE.VBP
Dim MaustasteUnten As Boolean        '(1) Zwei Merker
Dim ZiehenStart As Boolean           '    bzw. Flags
```

(1) Zwei Hilfsvariablen entweder im Allgemeinteil der Form (formglobal) oder mit Public (projektglobal) deklarieren.

```
Private Sub bldB_MouseDown(Button As Integer, Shift As Integer,
                          X As Single, Y As Single)
  CurrentX = X                                    '(2) Stiftposition
  CurrentY = Y
  MaustasteUnten = True
  ZiehenStart = True                              '(3) Zwei Merker
End Sub

Private Sub bldB_MouseMove(Button As Integer, Shift As Integer,
                          X As Single, Y As Single)
  If MaustasteUnten Then                          '(4) Linie weiter
    If ZiehenStart Then                           '(5) Neue Linie
      bldB.PSet (X, Y): ZiehenStart = False
    Else
      bldB.Line -(X, Y)
    End If
  End If
End Sub

Private Sub bldB_MouseUp(Button As Integer, Shift As Integer, X As
Single, Y As Single)
  MaustasteUnten = False                          '(6) Linie beenden
End Sub
```

(2) Beim Drücken der Maustaste über dem Bildfeld bldB die Stiftposition auf die aktuelle Position setzen und dies über den Flag MaustasteUnten merken. Man kann CurrentX durch bldB.CurrentX ersetzen.

(3) Mit ZiehenStart: Mehrere Linien unabhängig voneinander zeichnen

(4) Das bldB_MouseMove-Ereignis wird bei jeder Bewegung der Maus über dem Bildfeld gemeldet, unabhängig davon, ob dabei die Maustaste gedrückt ist oder nicht. Das Flag MaustasteUnten stellt sicher, daß eine Linie nur bei gedrückter Maustaste gezogen wird.

(5) Ohne Abfrage des Merkers ZiehenStart würde die gleiche Linie immer wieder fortgesetzt.

(6) Das Loslassen der Maustaste über den Flag MaustasteUnten merken.

Linien und Geraden auf die Form direkt zeichnen

In Bild 3-3 unten sollen Linien punktiert (*optPunktieren.Value=True*: Wort "Visual" links) oder skizziert (Wort "Basic" rechts) auf die Form gezeichnet werden.

```
Private Sub Form_MouseDown(Button As Integer, Shift As Integer,
                          X As Single, Y As Single)
  MaustasteUnten = True                           'Flag setzen
End Sub
```

```
Private Sub Form_MouseMove(Button As Integer, Shift As Integer,
                        X As Single, Y As Single)                '(1)
  If MaustasteUnten Then                       'Maustaste gedrückt?
    If optPunktieren Then
      PSet (X, Y)                              '(2) oder frmGrafik2.PSet
    Else
      Line -(X, Y)                             '(3) Zuerst Linie, dann
      Circle (X, Y), 40                        '(4) kleine Kreise zeichnen
    End If
  End If
End Sub

Private Sub Form_MouseUp(Button As Integer, Shift As Integer,
                        X As Single, Y As Single)
  MaustasteUnten = False                       '(5)
End Sub
```

(1) Vier Parameter: Button (Maustaste links, rechts?), Shift (Taste Umschalt, Strg bzw. Alt?), X und Y (Cursorposition) bei Eintreten des Ereignisses.

(2) Die PSet-Methode zeichnet einen Punkt an die Cursorposition auf die Form frmGrafik2.

(3) Bei jeder Bewegung der Maustaste die gebogene Linie zur aktuellen Mausposition weiterzeichnen (wie bei Bild 3-3 unten rechts).

(4) Einen Kreis mit Radius 40 zeichnen.

(5) Ab jetzt weitere MouseMove-Ereignisse solange unbeantwortet lassen, bis die Maustaste erneut gedrückt wird.

3.2.3 Figuren zeichnen

Problemstellung zu Form GRAFIK3.FRM: Figuren wie Ellipsen, Kreise und Rechtecke mit der Maus auf die Form frmGrafik3 zeichnen und wahlweise grau einfärben. Dazu die Methoden Circle und Line verwenden.

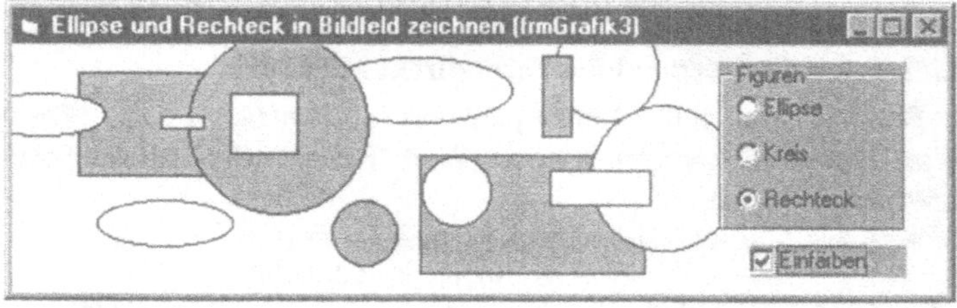

3-4: Ausführung zu Form GRAFIK3.FRM von Projekt OBJEKTE.VBP

```
'Form GRAFIK3.FRM                              von Projekt OBJEKTE.VBP
Dim StartX As Integer, StartY As Integer     'Startpunkt beim Zeichnen
Private Sub Form_MouseDown(Button As Integer, Shift As Integer,
                          X As Single, Y As Single)
  StartX = X: StartY = Y                       '(1) Startpunkt merken
End Sub
Private Sub Form_MouseUp(Button As Integer, Shift As Integer,
                          X As Single, Y As Single)
  Dim Radius As Integer                                        '(2)
  Radius = Abs(X - StartX)
  If optFigur(0).Value Then
    Circle (StartX, StartY), Radius, Farbe, , , 1 / 3          '(3)
  ElseIf optFigur(1).Value Then
    Circle (StartX, StartY), Radius, Farbe                     '(4)
  ElseIf optFigur(2).Value Then
    Line (StartX, StartY)-(X, Y), QBColor(0), B                '(5)
  Else MsgBox "Zuerst eine Figur wählen"
  End If
End Sub
```

(1) Maus-Cursorposition als Startpunkt zum späteren Zeichnen merken.

(2) Die Cursorposition beim Loslassen der Maustaste dient als Endpunkt
    zum Zeichnen der betreffenden Figur. Da für die Methoden Circle und
    Line keine Farbe angegeben ist, nimmt VB die ForeColor der Form an.

(3) Ellipse zeichnen: Seitenverhältnis kleiner 1 (hier 1/3) für waagrechte El-
    lipse und größer 1 für senkrechte Ellipse.

(4) Kreis zeichnen: Seitenverhältnis 1.

(5) Rechteck zeichnen: Parameter B verbindet Start- und Endpunkt zu einem
    Rechteck. Parameter BF würde das Rechteck mit Farbe füllen.

Die gewählte Figur mit Farbe füllen

Eine Figur, die eine Fläche umschließt, läßt sich in Abhängigkeit der
Eigenschaften FillStyle und FillColor des aufnehmenden Objekts
(Printer, Bildfeld oder wie hier Form) einfärben.

```
Private Sub Form_Load()                     'von GRAFIK3.FRM
  frmGrafik3.FillStyle = 0                  'ausgefüllt (1 transparent)
  frmGrafik3.FillColor = QBColor(15)        'weiß wie BackColor
End Sub
Private Sub Check1_Click()                  'von GRAFIK3.FRM
  If Check1.Value = 1 Then
    frmGrafik3.FillColor = QBColor(7)       'ab jetzt grau füllen
  Else
    frmGrafik3.FillColor = QBColor(15)      'wieder weiß
  End If
End Sub
```

Objekt.Circle [Step](X,Y), Radius [, Farbe, Start, Ende, Seitenverhältnis]
Einen Kreis (Seitenverhältnis 1 voreingestellt) oder eine Ellipse zeichnen.
Relative Koordinaten mit Step angeben. RGB-Wert für Farbe (ForeColor ist
voreingestellt)

Objekt.Line [Step] (X1,Y1) - [Step](X2,Y2), Farbe, BF
Eine Linie von Punkt X1,Y1 zum Punkt X2,Y2 (ausschließlich) zeichnen. Die
Punkte ggf. mit PSet nachtragen. B zeichnet ein Rechteck, F füllt das
Rechteck mit Farbe.

Objekt.PSet [Step](X,Y), Farbe
Einen Punkt zeichnen; genauer: die Farbe eines Pixels unabhängig von der
aktuellen Linienbreite ändern.

Objekt.Point(X,Y)
Methode zum Auslesen des RGB-Farbwerts eines Pixels.

Farbe = QBColor(FarbNr)
Die Funktion liefert eine der 16 Grundfarben: 0 schwarz, 1 blau, 2 grün, 3
zyan, 4 rot, 5 violett, 6 gelb, 7 weiß, 8 grau, 9 hellblau, 10 hellgrün, 11
hellzyan, 12 hellrot, 13 hellviolett, 14 hellgelb und 15 intensiv weiß.

Objekt.Print String [,][;]Tab(t)][Space(n)]
Zeichenkette bei aktueller Farbe und Schriftart auf einem Printer, Bildfeld-
bzw. Form-Objekt ausgeben. "," rückt zur nächsten Druckspalte vor (14 Zeichen breit). ";" rückt zum nächsten Zeichen vor. Tab(t) springt zur Tabulator-
position t. Space(n) erzeugt n Leerzeichen.

Verzeichnis 3-2: Methoden zum Zeichnen auf Form, Bildfeld bzw. Printer

DrawWidth	Linienstärke. Für Werte über 1 DrawStyle ignorieren
DrawStyle	Linientyp für Pen.Width=1: 0 ------, 1 -- -- -- 2 - - - - -, 3 - . - . - ., 4 - .. - .. -, 5 und 6 ———
DrawMode	Zeichenmodus legt die Verknüpfungsart fest: 1 schwarz, 6 invers, 7 XOR und 13 Kopieren
ForeColor	Gleichzeitig Rahmenfarbe für Rechteck, Kreis bzw. Textfarbe
BackColor	Hintergrundfarbe (siehe oben QBColor()-Funktion)
FillColor	Farbe, falls FillStyle<>1 (Transparent)
FillStyle	Füllmuster je nach FillColor: 0 "vollständig ausgefüllt. 1 "transparent" ist voreingestellt. Weitere Schraffuren: 2 horizontale Linien, 3 vertikal, 4 diagonal rechts, 5 diag. links, 6 senkrecht/waagrecht und 7 diagonal gekreuzt

Verzeichnis 3-3: Eigenschaften zum Zeichnen auf Printer, Bildfeld bzw. Form

3.2.4 Bitmap-Objekte betrachten

Problemstellung zu Form GRAFIK4.FRM: Bitmaps über die Dialogfenster "Open" und "Save" des Steuerelements CommonDialog1 übertragen und in Image1 (Anzeige) bzw. Picture1 (Bildfeld) zeigen.

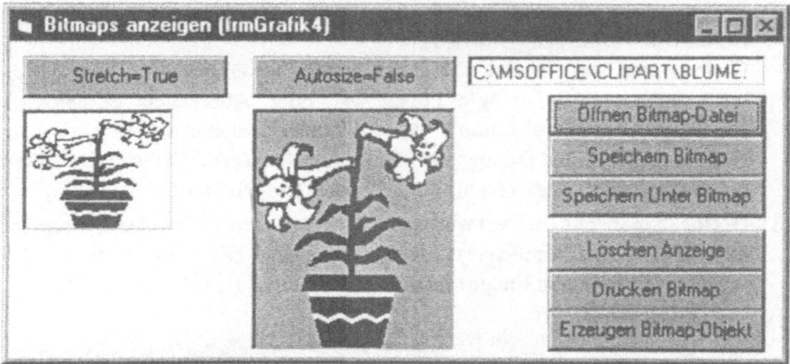

Bild 3-5: Ausführung zu GRAFIK4.FRM von Projekt OBJEKTE.VBP

Standarddialog CommonDialog1 zum "Datei öffnen" nutzen

```
'Form GRAFIK4.FRM                              'von Projekt OBJEKTE.VBP
Private Sub Form_Load()
  CommonDialog1.DialogTitle = "Eine Bitmap-Datei auswählen"
  CommonDialog1.Filter = "WMF-Dateien (*.WMF)|*.WMF|          '(1)
                          BMP-Dateien (*.BMP)|*.BMP|
                          Icons (*.ICO)|*.ICO|Alle Dateien (*.*)|*.*"
  CommonDialog1.InitDir = "C:\MSOFFICE\CLIPART"
  CommonDialog1.FilterIndex = 1               '*.WMF als Anfangsfilter
  CommonDialog1.Filename = "AUTO.BMP"         'Dateiname voreingestellt
  CommonDialog1.DefaultExt = "BMP"
  Image1.Stretch = False                      'Nicht an Image1 anpassen
  Picture1.Autosize = False                   'Nicht an Datei anpassen
End Sub

Private Sub befÖffnen_Click()                 'von GRAFIK4.FRM
  On Error Resume Next
  CommonDialog1.ShowOpen                '(2) Auswahl über Standardialog
  If Err.Err = 0 Then
    txtDateiname.Text = CommonDialog1.filename
    Picture1.Picture = LoadPicture(txtDateiname.Text)   '(3) Laden
    Image1.Picture = LoadPicture(txtDateiname.Text)
  Else
    MsgBox "Fehler " & Err.Err & " " & Err.Description
  End If
End Sub
```

(1) **Startwerte für den Standarddialog setzen:** Steuerelement aufziehen, den Vorgabenamen CommonDialog1 belassen und in der Form_Load die Startwerte setzen. Zum Beispiel einen Dateinamen bzw. Pfad vorgeben (FileName-Eigenschaft). Paarweise als "Textbeschreibung|Filter" die Filter anzeigen ("|" mit Alt/124 erzeugen). Siehe Bild 3-6.

(2) **Standarddialog starten mittels ShowOpen-Methode:** Den Dialog zum Dateiöffnen anzeigen (Bild 3-6).

Dialoge sind stets **modal:** Die Form verarbeitet erst dann wieder Ereignisse, nachdem das Dialogfeld über "OK" oder "Abbrechen" geschlossen worden ist (es kann also immer nur ein Fenster geöffnet sein).

Nach Schließen des Dialogs ist in CommonDialog1.Filename der Name der ausgewählten Datei (samt Zugriffspfad) gespeichert.

(3) **Dialog-Eigenschaften verwenden:** Filename zum Laden der Bitmapdatei mittels LoadFromFile-Funktion verwenden. Die Datei wird nun in den Steuerelementen Image1 (links) und Picture1 (rechts) angezeigt.

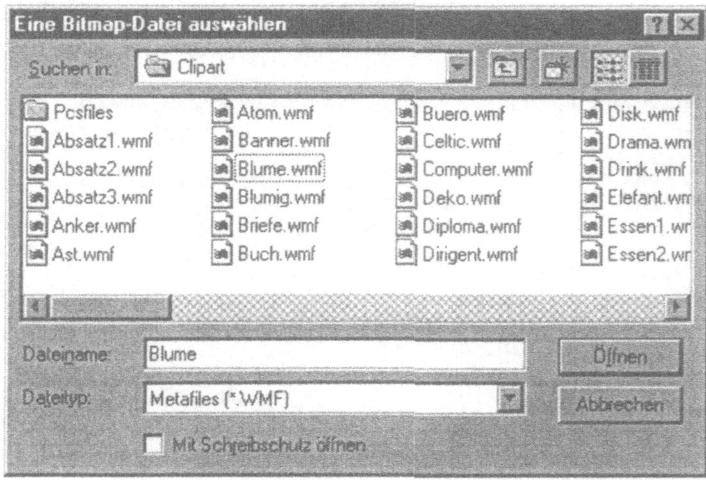

Bild 3-6: Über den "Datei öffnen"-Dialog von GRAFIK4.FRM
die Datei BLUME.WMF als FileName auswählen

Funktion LoadPicture() zum Laden einer Grafik

Der folgende Aufruf lädt das gewählte Grafik in das Bildfeld Picture1; dabei den Dateinamen entweder variabel oder konstant vorgeben:

```
Picture1.Picture = LoadPicture(txtDateiname.Text)
Picture1.Picture = LoadPicture "C:\MSOFFICE\CLIPAR\BLUME.WMF"
```

Um das geladene Bild wieder aus dem Bildfeld Picture1 zu löschen,
ruft man die LoadPicture()-Funktion mit leerer Parameterliste auf:

```
Private Sub befLöschen_Click()                'von Form GRAFIK4.FRM
  Image1.Picture = LoadPicture()              'Anzeige-Inhalt leeren
  Picture1.Picture = LoadPicture()            'Bildfeld-Inhalt leeren
End Sub
```

Prozedur SavePicture zum Speichern einer Grafik

Die Prozedur SavePicture aufrufen, um den Inhalt von Bildfeld bzw.
Anzeige zur Laufzeit in eine Datei sichern.

```
Private Sub befSpeichern_Click()              'von GRAFIK4.FRM
  If txtDateiname.Text <> "" Then
    SavePicture Image1.Picture, txtDateiname.Text
    MsgBox "Datei " & txtDateiname & "gespechert"
  Else
    befSpeichernUnter_Click                   'Prozedur aufrufen
  End If
End Sub
```

Um die Grafik als Datei BILD.BMP im Programmpfad von VB zu
speichern, das App-Objekt zur Ermittlung des Pfades verwenden:

```
SavePicture Image1.Picture, App.Path + "\Bild.BMP"
```

Um die Grafik unter einem anderen Dateinamen zu speichern, zunächst den Standarddialog mit dem "Datei speichern"-Dialog öffnen.

```
Private Sub befSpeichernUnter_Click()         'von GRAFIK4.FRM
  CommonDialog1.Filename = txtDateiname.Text  'Dateiname übernehmen
  CommonDialog1.ShowSave                      'Namen/Pfad auswählen
End Sub
```

Zwei Eigenschaften Image1.Stretch und Picture1.Autosize

Nur das Anzeige-Steuerelement hat die Stretch-Eigenschaft, um das
Bild an die Größe von Image1 anzupassen (in Bild 3-5 links klein angezeigt).

```
Private Sub befStretch_Click()                'von GRAFIK4.FRM
  Image1.Stretch = Not Image1.Stretch         'umschalten
  If Image1.Stretch Then
    befStretch.Caption = "Stretch=True"       'Meldung anzeigen
  Else
    befStretch.Caption = "Stretch=False"
  End If
End Sub
```

Nur das Bildfeld-Steuerelement besitzt die Autosize-Eigenschaft, die
Picture1 an die Größe des Bildes anpaßt. Umgekehrt jedoch gibt es
keine Möglichkeit, das Bild an die Größe des Bildfeldes anzupassen.

```
Private Sub befAutoSize_Click()                    'von GRAFIK4.FRM
  Picture1.AutoSize = Not Picture1.AutoSize
  If Picture1.AutoSize Then
    befAutoSize.Caption = "Autosize=True"
  Else
    befAutoSize.Caption = "Autosize=False"
  End If
End Sub
```

Eine Bitmap-Datei in der Picture-Eigenschaft bearbeiten

Nach dem Laden läßt sich die Grafik bzw. Bitmap-Datei im Anzeige-
Steuerelement Image1 bearbeiten, zum Beispiel verkleinern:

```
Private Sub Image1_DblClick()                      'von GRAFIK4.FRM
  Image1.Width = Image1.Width / 2                  'Bildgröße halbieren
  Image1.Height = Image1.Height / 2
```

Hintergrundgrafik und Vordergrundgrafik

Mit der folgenden Prozedur im Bildfeld eine Diagonale von links
oben nach rechts unten zeichnen:

```
Private Sub Picture1_Click()                       'von Form GRAFIK4.FRM
  Picture1.Line (0, 0)-(Picture1.ScaleWidth, Picture1.ScaleHeight)
End Sub
```

Diese Linie kann man sich als Vordergrundgrafik vorstellen, die mit

```
  Picture1.Cls                                     'Cls-Methode zum Löschen
```

oder durch Verdecken der Grafik gelöscht wird.

Die mit LoadPicture geladene Datei hingegen ist als Hintergrundgra-
fik fest vorgegeben und kann nur mit LoadPicture() gelöscht werden.

Gegenüberstellung von Bildfeld und Anzeige-Steuerelement

Einerseits besitzt das Bildfeld eine viel größere Funktionalität zum
Bearbeiten als die Anzeige: Das Bildfeld kann andere Steuerelemente
aufnehmen (Container), besitzt die hwnd-Eigenschaft für Windows-
API-Funktionen, kann Grafikfunktionen (Line, Print, Circle)
ausführen und den Fokus erhalten.

Andererseits begnügt sich das Image mit weniger VB-Ressourcen.

Einseitige Auswahl und zweiseitige Auswahl: If - Then - End If

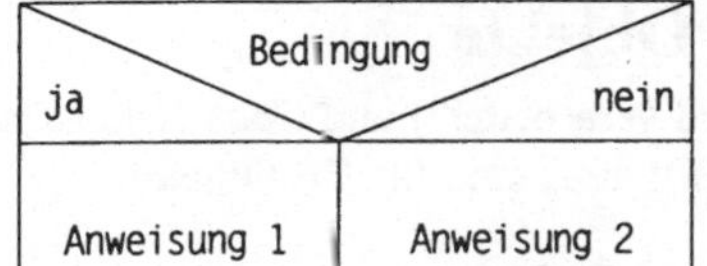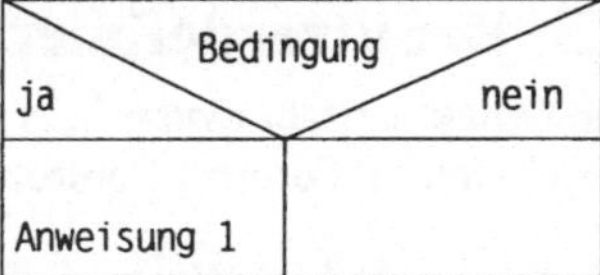

Mehrseitige Auswahl: If - ElseIf - ElseIf - ... - Else - End If

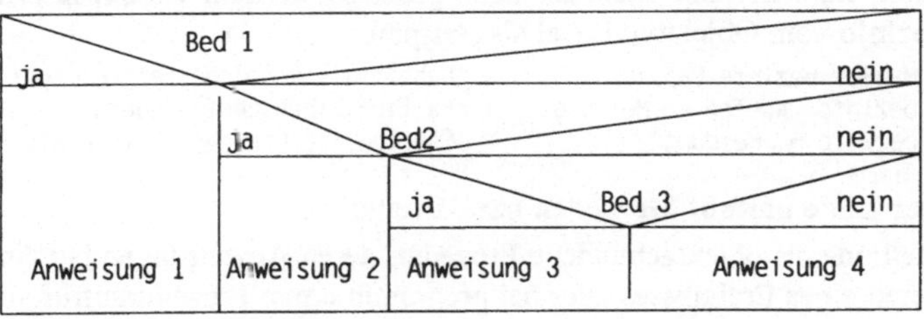

Mehrseitige Auswahl als Fallabfrage: Select Case - End Select

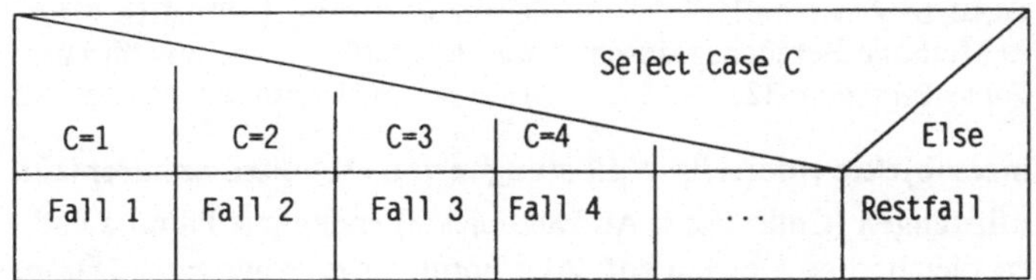

Wiederholung: Do While - Loop, Do - Loop Until und For - Next

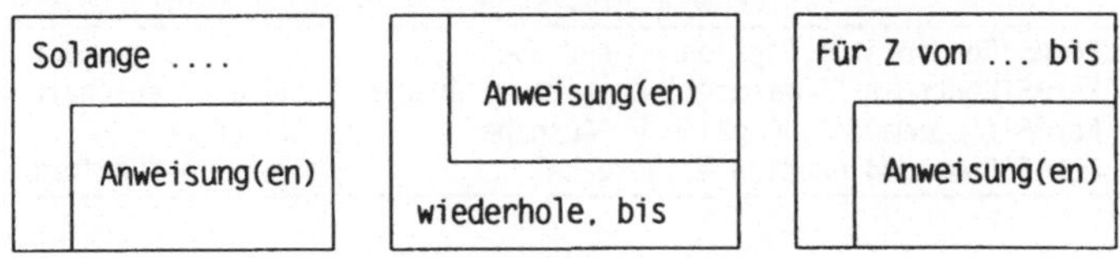

Unterablauf (Aufruf von Prozedur/Funktion bzw. Methode)

Verzeichnis 3-4: Sinnbilder für Struktogramme (gemäß Ablaufstrukturen in Kapitel 2)

3.3 Benutzerdefinierte Objekte

Ein Objekt umfaßt *Daten* (was wird verarbeitet?) und *Code* (wie ist zu verarbeiten?). Formen, Controls, Hilfen, ... sind für VB Objekte.

Die Daten sind als Eigenschaften verfügbar

Bestimmte Eigenschaftswerte als Attribute sind zunächst voreingestellt, können vom Benutzer aber geändert werden. Objekt namens bezInfo vom Objekttyp Label als Beispiel:

```
MsgBox bezInfo.Caption          'Label1 als voreingestellte Caption
bezInfo.Caption = "Meldung"     'Caption-Eigenschaft ändern
bezInfo = "Meldung"             'Caption ist Standardeigenschaft
```

Der Code umfaßt Methoden bzw. Ereignisse

Methode als objektgebundene Prozedur, deren Anweisungen bei Auftreten eines Ereignisses oder bei programmiertem Prozeduraufruf ausgeführt werden. Zwei Beispiele: Die Methode befRendite_Click beim Klicken der Befehlsschaltfläche befRendite auf Form1 ausführen.

```
Form1.befRendite_Click          'Ereignisprozedur befRendite_Click
```

Die Methode Berechnen durch Prozeduraufruf im Code ausführen:

```
Form1.Berechnen 120             'Prozedur Berechnen mit Argument 200
```

Einzelobjekte einerseits, Auflistungen von Objekten andererseits

Auflistungen (Collections, Aufzählobjekte) enden mit Plural-s und listen gleichartige Objekte auf: Alle Formen des Programms (Forms), alle Steuerelemente einer Form (Controls), ... Vier Schreibweisen mit Trennzeichen "!" für Auflistung-Element und "." für Eigenschaft.

```
Form5!Controls(3).Caption = "Ausgabe"            'Aufzählung-Index
Form5!Controls("Command4").Caption = "Ausgabe"   'Name-Eigenschaft
Form5!("Command4").Caption = "Ausgabe"           'Kurzform
Form5!Command4.Caption = "Ausgabe"        '      'Weitere Kurzform
```

3.3.1 Objekthierarchie von VB

Objekte sind in VB hierarchisch organisiert (Bild 3-7). Die Eigenschaften App, Clipboard, Debug, Printer und Screen des fiktiven Global-Objekts verweisen auf gleichnamige allgemeine Objekte.

- Objekthierarchie einer Form im Formlisting dokumentieren (Kap. 2.3.2).
- Datenbankzugriff, DAO-Hierarchie (Data Access Objects) in Bild 5-11.

```
Global                    Fiktives Basisobjekt von VB (Default)
  App                     Informationen zum aktiven Programm
  Clipboard               Zwischenablage als Papierkorb zum Kopieren
  Debug                   Testfenster
  Printer                 Standarddrucker. Siehe Kapitel 4.2.3.
  Printers                Aufzählung aller verfügbaren Drucker
  Screen                  Bildschirm
  Forms                   Aufzählung aller Formen des Programms
     Controls             Aufzählung aller Steuerelemente der Form
         Font             Zeichensatz (zum jeweiligen Control)
     MenuItems            Aufzählung aller Menüpunkte der Form
  DBEngine                Datenbank-Maschine mit DAO (Bild 5-11)
```

Bild 3-7: Objekthierarchie von Visual Basic mit den grundlegenden Objekten

App als globales Objekt informiert über die Anwendung

Die Eigenschaften EXEName, HelpFile, Path, PrevInstance und Title
des App-Objektes informieren über das gerade ausgeführte Projekt:

```
Dateiname = App.EXEName            'Name (ohne Suchpfad)


App.HelpFile = "A:\GRAFIK.HLP"     'Hilfedatei für Projekt festlegen


Pfad = App.Path                    'Pfad liefert Programmverzeichnis
If Right(Pfad,1) = "\" Then        'der ausgeführten Anwendung
  Pfad = Pfad + "DATEN.BAS"
Else                               'Darauf basierend das Datenver-
  Pfad = Pfad + "\" + "DATEN.BAS"  'zeichnis verwalten"
End Ig


If App.PrevInstance Then           'Erneutes Laden verhindern
  MsgBox "Diese Anwendung wird bereits ausgeführt"
```

Debug als globales Objekt verwaltet das Testfenster

Über Debug mittels Print-Methoden zur Ausführungszeit Informatio-
nen am Testfenster ausgeben. Auch der Debugger nutzt Debug.

```
Debug.Print "Variablen X und Y:"; X, Y
```

Programmausführung mit "Ausführen/Unterrechen" anhalten und mit
Strg/T das Testfenster öffnen. Nun Werte anzeigen bzw. ändern:

```
Print Command1.Left                'Left-Eigenschaft von Command1?
frmB1.BackColor=RGB(255,255,255)   'Hintergrund weiß einstellen
```

Screen als globales Objekt greift auf den gesamten Bildschirm zu

Das Screen-Objekt gibt fensterübergreifend Zugriff auf den gesamten
Bildschirm (unabhängig von Formen bzw. Dialogfenstern).

```
If TypeOf Screen.ActiveControl Is Label Then  'aktives Steuerelement?
  ActiveControl.Caption = "Dieser Label ist gerade aktivier"

Screen.MsgBox ActiveForm.Caption      'Titelzeile der aktiven Form
Screen.ActiveForm.Refresh             'Die aktive Form aktualisieren
ActiveForm.Cls                        'Ausgaben auf der Form löschen

For i = 1 To Screen.FontCount         'Alle Schriftarten auflisten
  Print Screen.Fonts(i-1)             '(jede Auflistung zählt ab 0)
Next i

MsgBox "Bildschirmhöhe abhängig von Grafikauflösung " & Screen.Height
Screen.Width = 4000                   'Breite des Gesamtbildschirms

Screen.MousePointer = 11   'Mauszeiger als Sanduhr
Screen.MousePointer = 0    'Steuerelement bestimmt Zeiger (Standard)
```

Der Objektkatalog zeigt die Elemente von Bibliotheken an

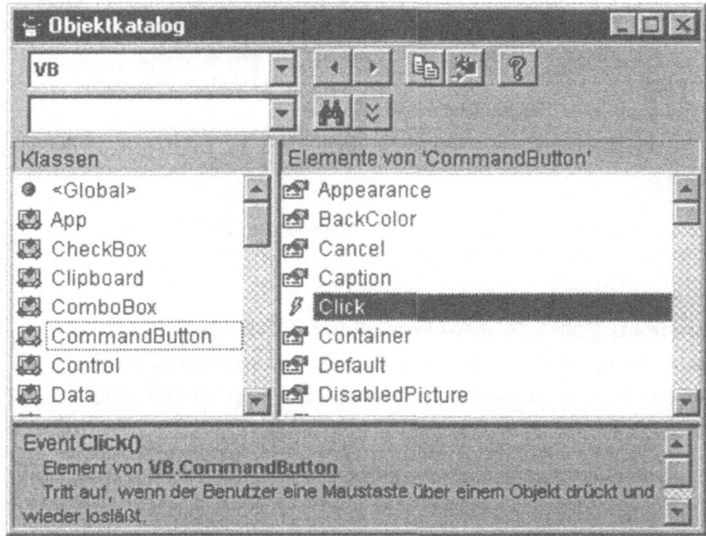

Bild 3-8: Die VB-Bibliothek umfaßt ein CommandButton-Objekt mit Click-Ereignis

"Ansicht/Objektkatalog" wählen und im Objektkatalog in vier Stufen gemäß Bild 3-8 über die verfügbaren Objekte informieren:

1. **In Bibliotheksliste wählen:** AlleBibliotheken, DAO (Kapitel 5), Projekt1 (aktives Projekt, Bild 3-9), VB und VBA zur Auswahl. Hier VB wählen, um alle Klassen der VB-Bibliothek anzeigen zu lassen.

2. **In Klassenliste wählen:** Global, App, CheckBox, ... zur Auswahl. Hier die CommandButton-Klasse wählen, um ihre Elemente anzuzeigen, also ihre Eigenschaften, Methoden und Ereignisse.

3. **In Elementeliste wählen:** Das Click-Ereignis wählen, um die Beschreibung unten anzuzeigen (Event Click() ...).

4. **In Beschreibungsleiste wählen:** Einen der unterstrichenen Begriffe anklicken, um zu diesem Objekt zu springen (dort Zurück klicken).

Elemente von Projekt bzw. Form frmGrafik5 anzeigen

In Bild 3-9 im zuvor aktivierten Projekt OBJEKTE.VBP für die Form frmGrafik5 die definierten Eigenschaften (BorderStyle, Caption, ...), Methoden (befLöschen_Click, Circle, ...) und Ereignisse (benutzerdefinierte Ereignisse hier nicht) in der Elementeliste anzeigen lassen.

Bild 3-9: Das Projekt1-Objekt mit frmGrafik5-Form und befLöschen_Click-Methode

VB ergänzt die Klassenbibliotheken automatisch um die vom Benutzer erstellten Klassen. Beispiel: Artikel-Klasse in ARTIKEL.CLS von Projekt OBJ.VBP (siehe Bild 3-14 in Kapitel 3.3.4)

3.3.2 Objektvariable zeigt auf bestehendes Objekt

Objektvariable für allgemeine Objekttypen Control und Form

Eine Objektvariable wird wie jede Variable deklariert, initialisiert und
in Operationen verwendet. Im Unterschied zur normalen Variablen
deklariert man anstelle eines Datentyps (Integer, String, ...) den ent-
sprechenden Objekttyp (Form, Object,, CommandButton, Label,
ListBox, ...).

– **Allgemeine Objekttypen Form und Object:** Diese beziehen sich auf
  eine beliebige Form (Objekttyp Form) bzw. auf ein beliebiges Steuerelement (Objekttyp Object).
– **Spezifische Objekttypen wie CheckBox, CommandButton und Label**
  beziehen sich auf einen bestimmten Objekttyp (Klasse, Steuerelemente-
  typ) wie z.B. auf die Objektklasse CheckBox. Siehe Bild 3-10.

Objektvariable für spezifische Objekttypen Label, Textbox, ...

Spezifische Objekttypen beziehen sich auf eine bestimmte Steuerel-
ment-Klasse und werden von VB (zum Beispiel für die If TypeOf-Ab-
frage) englischsprachig erwartet (siehe auch Verzeichnis 3-1):

```
TypeOf-Objekttyp:   Steuerelement:        Defaultname: Bsp-Name:

CheckBox            Kontrollkästchen      Check1       konSchalter
ComboBox            Kombinationsfeld      Combo1       komSammlung
CommandButton       Befehlsschaltfläche   Command1     befBeenden
Data                Datensteuerelement    Data1        datKunden
Frame               Rahmen                Frame1       rhmWahl2
HScrollBar          Horizont. Bildlauf    HScroll1     hblLaut
Image               Anzeige-Element       Image1       anzIcon1
Label               Bezeichnungsfeld      Label1       bezMeldung
ListBox             Listenfeld            List1        lstNrListe
OptionButton        Optionsfeld           Option1      optWahl
PictureBox          Bildfeld              Picture1     bldBild5
TextBox             Textfeld              Text1        txtEingabe
Timer               Zeitgeber             Timer1       zeiUhr
VScrollBar          Vertikaler Bildlauf   VScroll1     vblSchieber
Klassenname         system- bzw. benutzerdefinierte Klasse
```

Bild 3-10: Spezifische Objekttypen für die grundlegenden Steuerelemente von VB

Beispiel für eine benutzerdefinierte Klasse: Artikel in Kapitel 3.3.4.

Problemstellung zu befAusgabe_Click von GRAFIK5.FRM:
Eine Meldung entweder auf das Objekt Picture1 (Objekttyp Picture-Box) oder auf das Objekt frmGrafik5 (Objekttyp Form) ausgegeben. Dazu für die Variable Obj den allg. Objekttyp Object vereinbaren, um mit Set die Variable entweder auf Bildfeld oder Form zu senden.

```
'Form GRAFIK5.FRM                        'von Form OBJEKTE.VBP
Private n As Integer, i As Integer
Private F As Form                        'As Form: für Formen allgemein
Private Sub befAusgabe_Click()           'von Form GRAFIK5.FRM
  Dim Obj As Object                      'As Control: für Controls allg.
  If Check1.Value = 1 Then               'Kontrollkästchen gesetzt?
    Set Obj = Picture1                   'Bildfeld als Ausgabe-Objekt
  Else
    Set Obj = frmGrafik5                 'Form als Ausgabe-Objekt
  End If
  Obj.Print "Ausgabe auf " & TypeName(Obj)     'Ausgabe und Meldung
End Sub
```

Problemstellung zu befLinks_Click:
Klicken auf befLinks bewegt die Schaltfläche 100 Twips nach links.

```
Private Sub befLinks_Click()             'von Form GRAFIK5.FRM
  Dim StE As CommandButton               '(1) Spezifischer Objekttyp
  Set StE = frmGrafik5.Controls(2)       '(2) 3. Control
  StE.Left = StE.Left - 100              '(3) Um 100 Twips nach links
End Sub
```

(1) Für StE den Objekttyp CommandButton vereinbaren (deklarieren).

(2) Annahme: befLinks wurde als drittes Steuerelement aufgezogen (in der Controls-Auflistung wird gezählt: 0,1,2,...). StE zeigt also auf befLinks.

(3) Mit StE.Left erreicht man die Left-Eigenschaft von StE bzw. befLinks. Mit Me.Left oder kurz mit Left hingegen würde die Form verschoben.

Alle Objekte der Controls-Auflistung durchlaufen (For Each)

Problemstellung zu befControls_Click: Mit der Kontrollanweisung *For Each-Next* kann man alle Elemente bzw. Objekte einer Auflistung durchlaufen. Vorteil von For Each gegenüber For i: Die Anzahl der Durchläufe muß nicht bekannt sein bzw. angegeben werden. In Bild 3-11 werden dies Elemente auf der Form ausgegeben.

```
For Each Element in {Auflistung/Steuerelemente-Array}
  Anweisungen
Next Element                    'Anzahl der Wiederholungen nicht angegeben
```

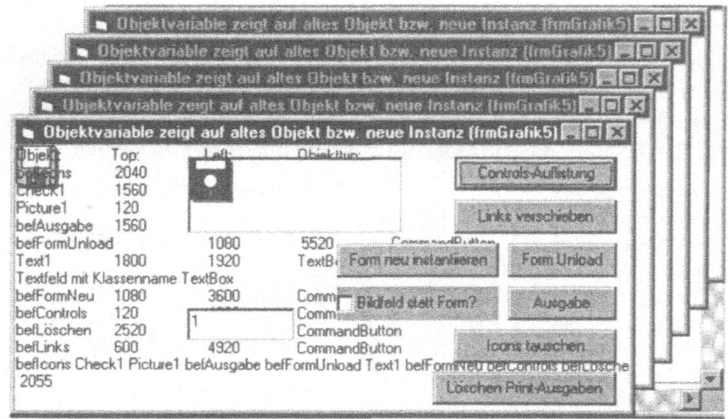

Bild 3-11: Ausführung zu Form GRAFIK5.FRM von Projekt OBJEKTE.VBP

```
Private Sub befControls_Click()                      'von Form GRAFIK5.FRM
  Dim StE As Control                                'Objektvariable
  On Error Resume Next             'z.B. bei Image ist Top nicht lesbar
  Print "Objekt:", "Top:", "Left:", "Objekttyp:"
  For Each StE In frmGrafik5.Controls               '(1) For Each
    Print StE.Name, StE.Top, StE.Left, TypeName(StE)
    If TypeOf StE Is TextBox Then                   '(2) TextBox-Klasse ?
      Print "Textfeld mit Klassenname TextBox"  'Meldung bei Textfeld
    End If
  Next StE
  For i = 0 To Me.Controls.Count - 1                '(3) For i
    Print Controls(i).Name; " ";                    '(4) i.Element?
  Next i
  Print: Print Controls!befLöschen.Width            '(5) Welcher Name?
End Sub
```

(1) **For Each-Schleife durchläuft die Aufzählung ohne Index-Verwendung.**
(2) **Objekttyp abfragen (siehe Bild 3-10):** *If TypeOf Objekt Is Klassenname.*
(3) **Count-Eigenschaft liefert die Elementanzahl der Auflistung.**
(4) **Zugriff auf Auflistung-Element über Indexvariable i:** *Controls(i)*
(5) **Zugriff auf Auflistung-Element über die Name-Eigenschaft.**

3.3.3 Objektvariable zeigt auf neue Objekt-Instanz

Durch die Deklaration einer Objektvariablen wird eine Speicherstelle
reserviert, wobei noch kein Verweis auf ein Objekt zustande kommt.

Dieser Verweis (Referenz) erfolgt erst durch eine Anweisung *Set* (auf
bestehendes Objekt) oder *Set New* (auf zusätzliches Objekt).

- **Set ...** weist der Speicherstelle die Adresse eines bestehenden Objekts zu.
  Die Objektvariable zeigt also auf das alte Objekt.
- **Set ... New** weist der Speicherstelle die Adresse einer **neuen** Instanz des
  deklarierten Objekttyps zu. Die Variable zeigt auf ein weiteres Objekt.

```
{Dim/Private/Public/ReDim/Static} ObjVar As Objekttyp 'Deklarieren
Set ObjektVar = {[New] Ausdruck / Nothing}            'Objektverweis
```

Anweisungen Dim, Private, ... verwenden, je nachdem, welcher Gültigkeitsbereich die Objektvariable haben soll. Erst durch die Set-Anweisung zeigt die Variable dann auf das entsprechende Objekt.

Mehrere neue Form-Objekte erzeugen (mit New Form)

Problemstellung zu befFormNeu_Click: Gemäß Bild 3-11 vier Instanzen der Form frmGrafik5 erzeugen und versetzt anzeigen.

```
Private Sub Form_Load()            'von Form GRAFIK5.FRM in OBJEKTE.VBP
  n = 1: Text1.Text = n            'formglobaler Zähler n initialisiert
End Sub
Private Sub befFormNeu_Click()     'von Form GRAFIK5.FRM
  Set F = New frmGrafik5           '(1) F zeigt auf eine weitere Form
  F.Move Left - 200, Top + 300     '(2) Neue Form links verschieben
  F.Show                           '(3) Neue Form anzeigen
  n = n + 1: Text1.Text = n        '(4) n zählt die Instanzen
End Sub
Private Sub befFormUnload_Click()'von Form GRAFIK5.FRM
  'Unload F                        '(5) Instanz löschen
  'Set F = Nothing                 '(6) wirkungslos bei Form
  Unload Me                        'Aktive Form aus RAM entfernen
End Sub
```

(1) Läßt man New weg, dann wird das alte Form-Objekt verschoben.
    Zwei Möglichkeiten zum Erzeugen einer zusätzlichen Form (Dim ist im
    Allgemeinteil von Form frmGrafik5 angegeben, siehe oben):

```
Dim F As Form              oder:          Dim F As New frmGrafik5
Set F = New frmGrafik5
```

(2) F als neue Instanz erbt alle Eigenschaften von frmGrafik5, liegt also
    exakt über der ersten Form. Zwecks Sichtbarmachen links versetzen.

(3) Die neue Instanz ist zunächst unsichtbar im RAM gespeichert. Erst die
    Show-Methode zeigt sie an.

(4) Über Textfeld Text1 angezeigter Zähler n dient zur Demonstration (siehe Bild 3-9): n numeriert die Instanzen der Form. Erhöhung von n je nachdem, für welche Instanz man ein Ereignis befFormNeu_Click auslöst.

(5) Die Unload-Anweisung entfernt die jeweilige Instanz aus dem RAM. Unload für die Ausgangsform ergibt einen Fehler (da F undefiniert ist).

(6) Die Zuweisung von Nothing löscht die Objektvariable.

(7) Unload Me entfernt die aktive Form (Instanz oder Ausgangsform). Unload für die Ausgangsform beendet die Programmausführung.

Neue Instanz eines Form-Objekts zwecks Dreieckstausch

Problemstellung zu befIcons_Click: In Bild 3-11 werden auf der Form frmGrafik5 und im Bildfeld Picture1 zwei verschiedene Disketten-Icons angezeigt (Icons zur Entwurfszeit über die Picture-Eigenschaft geladen). Die Icons werden nun über befIcons_Click ausgetauscht. Dazu ist Hilf als Hilfsvariable erforderlich. Man könnte Hilf zur Entwurfszeit als zweites. Bildfeld aufziehen. Hier soll Hilf als dynamisches Objekt zur Ausführungszeit instantiiert werden.

```
Private Sub befIcons_Click()              'von Form GRAFIK5.FRM
  Dreieckstausch frmGrafik5. Picture1     'statt frmGrafik5 auch Me
End Sub

Public Sub Dreieckstausch(F As Form. P As PictureBox)     '(1)
  Dim Hilf As New frmGrafik5              '(2) neues Objekt
  Hilf.Picture = P.Picture
  P.Picture = F.Picture
  F.Picture = Hilf.Picture
  Unload Hilf                            '(3) eigentlich unnötig
End Sub
```

(1) Zwei Objekte als Parameter übergeben.
(2) Eine neue Instanz des Objekttyps (der Klasse) einrichten.
(3) Hilf als kokale Variable wird bei Prozedurende automatisch gelöscht.

Eine Form bzw. ein Steuerelement dynamisch erzeugen

Form als Klasse: Nur bei Formen lassen sich mit *Dim New* neue Instanzen erzeugen, nicht aber bei Steuerelementen. Grund: Jede Form stellt in VB eine Klasse bzw. ein Objekttyp dar. Mit dem Aufziehen eines Steuerelements hingegen wird aus der jeweiligen – in der Werkzeugsammlung angebotenen – Klasse (Objekttyp) wie zum Beispiel der TextBox-Klasse lediglich ein neues Objekt gebildet.

Steuerelemente-Array: Gleichwohl lassen sich auch Steuerelemente des gleichen Objekttyps vervielfachen: Dazu ein Steuerelement aufziehen, mit dem Index-Eigenschaftswert 0 belegen und später zur Ausführungszeit über Load-Anweisungen neue Elemente eines Steuerelemente-Arrays dynamisch laden (siehe z.B. Kapitel 4.4).

3.3.4 Objektvariable zeigt auf neue Objekt-Klasse

Problemstellung zu Projekt OBJ.VBP: In einem Klassenmodul namens ARTIKEL.CLS die neue Artikel-Klasse definieren und über die Form ARTOBJ.FRM ein Objekt Art1 dieser Klasse verarbeiten.

- In ARTIKEL.CLS: Artikel als Klasse mit fünf Elementen definieren; drei Eigenschaften ArtNr, Bezeichnung und Bestand sowie zwei Methoden BezeichnungGroß und BestandFortschreiben.

- In ARTOBJ.FRM: Zur Ausführungszeit ein Objekt Art1 erzeugen und dieses über sechs Ereignisprozeduren (Bild 3-12) verarbeiten.

3.3.4.1 Art1-Objekt der Artikel-Klasse verarbeiten

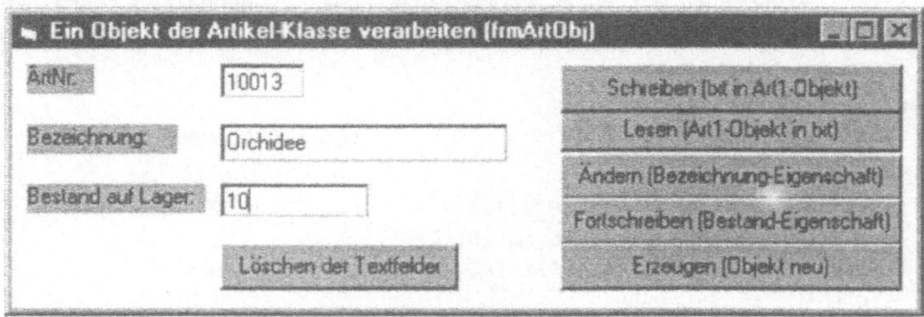

Bild 3-12: Ausführung zu Form ARTOBJ.FRM von Projekt OBJ.VBP

Ausführungsbeispiel zu Form ARTOBJ.FRM gemäß Bild 3-12:

1. Nach dem Ausführungsstart über Form_Load automatisch ein Objekt namens Art1 erzeugen lassen.
2. 'Orchidee' in txtBezeichnung.Text und 10 in txtBestand.Text eingeben; dann über befSchreiben_Click diese Eingaben als Eigenschaftswerte in Art1.Bezeichnung und Art1.Bestand schreiben.
3. Über befLöschenText_Click die Textfelder zur Kontrolle löschen und über befLesen_Click den Inhalt von Art1.ArtNr, Art1.Bezeichnung und

Art1.Bestand anzeigen (siehe Bild 3-12). Für Art1.ArtNr erscheint 10013 (siehe Ereignisprozedur Class_Initialize unten).
4. Über befÄndern_Click und befLesen_Click die Bezeichnung in Großbuchstaben anzeigen: Die Methode Art1.BezeichnungGroß ausführen.
5. Über befFortschreiben_Click und befLesen_Click den Bestand von 10 Stück um -9 Stück auf 1 Stück fortschreiben: Die Methode Art1.Bestand-Fortschreiben wurde ausgeführt.
6. Über befErzeugenObjekt_Click und befLesen_Click das Art1-Objekt entfernen und wieder neu erzeugen (Ereignis Class_Terminate unten).

```
'Datei ARTOBJ.FRM                         'von Prokjekt OBJ.VBP
Private Art1 As Artikel                   '(1) Art1 = Objektvariable

Private Sub Form_Load()
  Set Art1 = New Artikel                  '(2) zeigt auf neues Objekt
End Sub

Private Sub ErzeugenObjekt_Click()
  Set Art1 = Nothing                      '(3) Objekt im RAM entfernen
  Set Art1 = New Artikel
End Sub

Private Sub befSchreiben_Click()
  'Art1.ArtNr = txtArtNr.Text             '(4) auskommentiert
  Art1.Bezeichnung = txtBezeichnung.Text  '(5) Eigenschaften schreiben
  Art1.Bestand = CInt(txtBestand.Text)
 End Sub
Private Sub befÄndern_Click()
  Art1.BezeichnungGroß                    '(6) Methodenaufruf
End Sub
Private Sub befFortschreiben_Click()      'Eigenschaften beschreiben
  Dim sZuAb As String, iZuAb As Integer
  sZuAb = InputBox("Zugang bzw. Abgang des Bestands um ..?")
  iZuAb = CInt(sZuAb)
  Art1.BestandFortschreiben iZuAb         '(7) Methodenaufruf
End Sub

Private Sub befLesen_Click()              'Eigenschaften lesen
  txtArtNr.Text = Art1.ArtNr
  txtBezeichnung.Text = Art1.Bezeichnung  'drei Ausgaben
  txtBestand.Text = CStr(Art1.Bestand)
End Sub

Private Sub befLöschenTextfelder_Click()
  txtArtNr.Text = "": txtBezeichnung = "": txtBestand = ""
End Sub
```

(1) Art1 als Objekt der Artikel-Klasse. Im Klassenmodul ARTIKEL.CLS Artikel durch Angabe der Name-Eigenschaft Artikel definieren.

(2) Set-Anweisung mit dem New-Operator befiehlt, daß Art1 als *neues* Artikel-Objekt erzeugt und ein Class_Terminate-Ereignis ausgelöst wird.

(3) Beim Löschen des Art1-Objekts ein Class_Terminate-Ereignis auslösen.

(4) Nicht möglich, da Art1.ArtNr eine schreibgeschützte Eigenschaft ist.

(5) In Art1.Bezeichnung und Art1.Bestand kann geschrieben werden. Es werden die Public-Variable *Bezeichnung* und die Eigenschaftsprozedur *Property Let Bestand* in ARTIKEL.CLS aufgerufen.

(6) Methode BezeichnungGroß siehe Artikel-Klasse in ARTIKEL.CLS

(7) Methode BestandFortschreiben siehe ARTIKEL.CLS

3.3.4.2 Artikel-Klasse definieren über Klassenmodul

Artikel-Eigenschaften ArtNr, Bezeichnung und Bestand

```
'Klassenmodul ARTIKEL.CLS          von Projekt OBJ.VBP
Attribute VB_Name = "Artikel"      'Name der Klasse festlegen
Public Bezeichnung As String       '(1) Eigenschaft nicht gekapselt
Private mArtNr As String * 5       '(2) Eigenschaften gekapselt
Private mBestand As Integer


Public Property Get ArtNr() As String
  ArtNr = mArtNr                   '(3) Eigenschaftsprozedur
End Property
'Public Property Let ArtNr(ByVal NeueArtNr As String)
' mArtNr = NeueArtNr               'Eigenschaft schreibgeschützt,
'End Property                      'deshalb auskommentiert

Public Property Get Bestand() As Variant
  Bestand = mBestand               '(4) Zwei Eigenschaftsprozeduren
End Property
Public Property Let Bestand(ByVal vNewValue As Variant)
  If vNewValue < 0 Then            'soll Bestand negativ werden?
    Err.Raise Number:=1 + vbObjectError + 512, Description:="negativ"
  Else
    mBestand = vNewValue
  End If
End Property
```

(1) **Bezeichnung als öffentliche Eigenschaft:** Mit Public als Eigenschaft der Artikel-Klasse definieren. Auf Bezeichnung kann man von überall zugreifen – auch außerhalb der Klasse. Bezeichnung ist nicht gekapselt.

(2) **mArtNr und mBestand als private Datenelemente des Art1-Objekts** zum Speichern (Kapseln) der Eigenschaften ArtNr und Bestand.

(3) **ArtNr als schreibgeschützte Eigenschaft:** Die *Get ArtNr*-Eigenschaftsprozedur wird immer dann aufgerufen, wenn ArtNr gelesen werden soll: z.B. durch *txtArtNr.Text = Art1.ArtNr* in befLesen_Click. Um ArtNr schreibgeschützt zu installieren, wird auf die *Property Let*-Deklaration verzichtet. Also: Mit "Extras/Prozedur einfügen/Eigenschaftsprozedur" die *Property Get-* und *Property Let*-Deklarationen einfügen lassen und dann die *Property Let* löschen.

(4) **Bestand als schreibkontrollierte Eigenschaft:** Für Bestand die Deklarationen *Property Get* und *Property Let* einfügen, wobei *Property Let* kontrolliert, daß nur positive Bestände gespeichert werden können. Die *Property Let*-Eigenschaftsprozedur wird in ARTOBJ.FRM aufgerufen über die Ereignisprozeduren befSchreiben_Click (Art1.Bestand = ...) sowie befFortschreiben_Click (Methode BestandFortschreiben).

Artikel-Methoden BezeichnungGroß und BestandFortschreiben

In befÄndern_Click *Art1.BezeichnungGroß* aufrufen, um alle Zeichen der Bezeichnungs-Eigenschaft in Großbuchstaben zu setzen.

```
Public Sub BezeichnungGroß()                'Methode der Artikel-Klasse
  Dim i As Integer
  For i = 1 To Len(Bezeichnung)
    Mid(Bezeichnung, i, 1) = UCase(Mid(Bezeichnung, i, 1))
  Next i
End Sub
```

In befFortschreiben_Click mit *Art1.BestandFortschreiben iZuAb* als Methodenaufruf die Bestand-Eigenschaft um die Bewegung iZuAb fortschreiben. Dabei kontrollieren, ob der Bestand ausreichend ist.

```
Public Sub BestandFortschreiben(ByVal Bewegung As Integer)    'Methode
  If (Bestand + Bewegung) >= 0 Then
    mBestand = mBestand + Bewegung
  Else
    Err.Raise Number := 2 + vbObjectError + 512,
              Description := "Bestand reicht nicht aus"
  End If
End Sub
```

Ereignisse Initialize und Terminate des Moduls ARTIKEL.CLS

Den bei der Objekterstellung auszuführenden Code im Initialize-Ereignis ablegen – hier die Zuweisung der Artikelnummer 10003 an die später schreibgeschützte ArtNr-Eigenschaft.

```
Private Sub Class_Initialize()     'Objekt zur Laufzeit erzeugt?
  mArtNr = "10003"                 '10013 später nicht mehr änderbar
End Sub
```

Beim Löschen eines Objekts wird das Terminate-Ereignis ausgelöst.
Hier den derzeitigen Wert der Objekteigenschaften anzeigen:

```
Private Sub Class_Terminate()        'Objekt zur Laufzeit entfernt?
  MsgBox "Objekt gelöscht: " & ArtNr& " "& Bezeichnung& " " & Bestand
End Sub
```

Die Datenkapselung entspricht der Lokalisierung von Variablen

Einerseits sind mArtnr und mBestand auf Modulebene als Private-
Variablen deklariert, d.h. für den Benutzer von Objekten der Artikel-
Klasse unsichtbar (verborgen, gekapselt). Die Datenkapselung entspricht dem Prinzip lokaler Variablen in Prozeduren. Datenkapselung
heißt, die Daten mBestand und mArtNr im Objekt zu verbergen.

Andererseits kann der Benutzer über Property-Prozeduren auf die
Private-Variablen kontrolliert zugreifen.

Öffentliche Objekt-Schnittstelle (Eigenschaften und Methoden aufrufen)

Private, im Objekt gekapselte Daten
(in Artikel: mArtNr und mBestand)

Öffentliche Eigenschaft: Bezeichnung
Geschützte Eigenschaften: ArtNr, Bestand

Methoden der Klasse: *ProzedurBezeichnungGroß,*
                              Funktion BestandFortschreiben ()

Bild 3-13: Drei Eigenschaften und zwei Methoden in der Artikel-Klasse

Property-Prozeduren *Property Get* und *Property Let*

Die Bestand-Eigenschaft des Artikel-Objekts ist als Paar von Property-Prozeduren implementiert: Die *Property Get*-Prozedur beim Lesen
der Bestand-Eigenschaft aufrufen und den Wert der Private-Variablen
mBestand als aktuellen Bestand liefern. Die *Property Let*-Prozedur
aufrufen, wenn die Bestand-Eigenschaft geändert bzw. beschrieben
werden soll; sie kontrolliert, daß der Bestand nicht negativ wird.

Läßt man *Property Let* weg, dann ist die Eigenschaft schreibgeschützt
(wie hier bei der ArtNr-Eigenschaft).

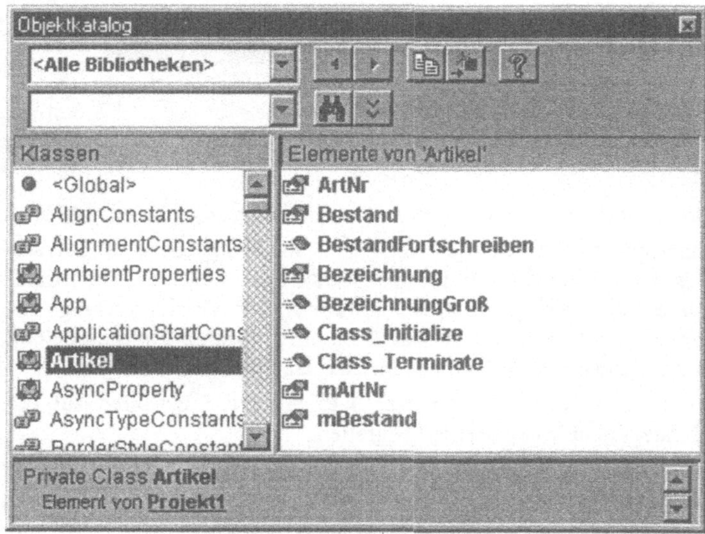

Bild 3-14: Objektkatalog zu ARTIKEL.CLS

In Bild 3-8 und 3-9 wurde der Objektkatalog zu den Klassen CommandButton (Standard-Steuerelement) und frmGrafik5 (Form) wiedergegeben. Bild 3-14 zeigt die Elemente von Artikel (benutzerdefinierte Klasse).

```
Public Sub MeineMethode (Parameter As Variant)
   ... Anweisungen ...
End Sub

Public MeineMethode (Parameter As Variant)
   Anweisungen ...
   Meine Methode = Funktionsergebnis
   ...
End Function


Public Property Get Eigenschaft () As String      'oder anderer Typ
   Eigenschaft = Eigenschaftswert
End Property

PublicProperty Let Eigenschaft (NeuerWert As String)
   Eigenschaftswert = NeuerWert
End Property
```

Bild 2-15: Eigenschaftsprozeduren mit allgemeiner Syntax

4 Listenprogrammierung

In einer *Liste* Textelemente unsortiert oder sortiert verwalten, wobei die Länge der Elemente fest (Datentyp *String*n* mit konstant n Zeichen) oder variabel (Datentyp *String*) sein kann. Unter VB wird der Begriff der *Liste* sehr unterschiedlich verwendet:

1. *Listen-Steuerelemente ListBox und ComboBox:* Der Benutzer kann vordefinierte Objekte (Controls) vom Typ ListBox (List1, List2, ...) und ComboBox (Combo1, ...) auf der Form aufziehen. Siehe Kapitel 4.1.

2. *Sequentielle Datei als Liste von Strings auf Diskette:* Strings unterschiedlicher Länge (Kapitel 4.2) oder konstanter Länge (Kapitel 4.3) in einer Datei dauerhaft speichern.

3. *Array als Datenstruktur zur Auflistung von Elementen im RAM:* Array zur Ausführungszeit im RAM speichern. Siehe Kapitel 4.3

4. *Steuerelemente-Array als Liste mehrerer Controls vom gleichen Typ:* Steuerelemente vom gleichen Typ (z.B. OptionBox) mit gleicher Name-Eigenschaft (z.B. optKTyp), aber verschiedenen Index-Eigenschaften (0, 1 und 2) deklarieren. Man bezeichnet optKTyp() auch als Steuerelemente-Feld bzw. Steuerelemente-Array. Siehe Kapitel 2.1.2, 4.1 und 4.4.

5. *Auflistung von Objekten:* VB organisiert Objekte, die vom gleichen Objekttyp (Klasse) abgeleitet sind, als Auflistung (Collection). Beispiel: Databases als Auflistung aller Datenbank-Objekte. Siehe Kapitel 5.3.3.

4.1 Datensätze über eine ListBox verwalten

Problemstellung zu Form KLISTE.FRM: Für jeden Kunden die vier Felder KNr, KName, KUmsatz und KTyp eingeben und als Eintrag bzw. Datensatz in einer ListBox speichern.

Bild 4-1: Ausführung zu Form KLISTE.FRM von Projekt LISTEN.VBP

Indizierte List-Eigenschaft gibt Zugriff auf Listenelement 0,1,2,...

```
MsgBox List1.List(0)                  'Inhalt des 1. Elements ausgeben

List1.List(2) = "HD-D 11"             'String in 3. Element zuweisen
If List1.List(0) = "" Then            'Hat die Liste kein Element?
Print List1.List(-1)                  'Ergibt String mit Länge Null ""
```

ListCount-Eigenschaft liefert die Anzahl der Elemente

```
Print List1.ListCount                 'Anzahl der Elemente anzeigen
For i = 0 To List1.ListCount-1        'Alle Elemente 0.1.2....
   ... List1.List(i) = ...: Next i    'der Liste bearbeiten
```

ListIndex-Eigenschaft setzt bzw. liefert das aktive Element

```
Combo1.ListIndex = 3                  '4. Element markieren (aktivieren)
Combo1.Text = "FR-A 444"              'Zuweisung an aktives. 4. Element
If List1.ListIndex = -1 Then          'Ist kein Element markiert?
```

Text-Eigenschaft gibt Zugriff auf das aktive Listenelement

```
Print List1.Text                      'entspricht: List1.List(ListIndex)
Combo1.Text = "H-XX 1111"             'bei ListBox nicht möglich
```

Sorted-Eigenschaft schaltet die sortierte Verwaltung ein bzw. aus

```
List1.Sorted = True                   'ab jetzt alphabetisch sortieren
```

AddItem-Methode fügt einen Eintrag zur Ausführungszeit hinzu

```
List1.AddItem "M-ZZ 7762"             'Liste um ein Element verlängern
```

RemoveItem-Methode entfernt das Element i zur Ausführungszeit

```
List1.RemoveItem 0                    'Das erste Element entfernen

For i = 0 To List1.ListCount-1        'Das Element mit dem zuvor
   If List1.List(i) = SuchEintrag Then    'eingegebenen SuchEintrag
     List1.RemoveItem i                    'entfernen
     Exit For
   End If
Next i
```

Selected-Eigenschaft liefert bzw. setzt den Auswahlzustand zur Laufzeit

```
List1.Selected(0) = True              'Das erste Element markieren
List1.Selected(List1.ListCount-1) = True       'Letztes Element
```

MultiSelect-Eigenschaft ermöglicht das Markieren mehrerer Einträge

```
List1.MultiSelect = True              'Mehrfachauswahl an

For i = 0 To List1.ListCount-1        'Anzahl der markierten
   If List1.Selected(i) Then n = n + 1    'Einträge ermitteln
Next i
```

Verzeichnis 4-1: Methoden zum Bearbeiten der Strings von ListBox und ComboBox

Einen Datensatz zur Liste hinzufügen (befHinzufügen_Click)

Den Inhalt von Textfeldern und Optionsfeld-Array mittels AddItem-Methode als Eintrag zur Liste List1 hinzufügen. KTyp 0 (privat), 1 (Firma) bzw. 2 (groß) von optKTyp(i) als Kundenyp übernehmen.

```
Private Sub befHinzufügen_Click()              'von Form KLISTE.FRM
  Dim i As Integer, KTyp As Integer
  For i = 0 To 2
    If optKTyp(i) Then KTyp = i                      '(1)
  Next i
  List1.AddItem txtKNr.Text + ", " + txtKName + ", " + txtKUmsatz
                              + ", " + Str(KTyp)    '(2)
End Sub
```

(1) **optKTyp als Optionsfeld-Array (Steuerelemente-Array) aufziehen:** Drei Optionsfelder mit gleichen Namen KTyp und verschiedenen Index-Eigenschaften 0, 1 und 2. Ist das i.Element des Arrays, also optKTyp(i), gesetzt, dann den Indexwert i der Variablen KTyp zuweisen.

(2) Den Stringwert von KTyp im Feld des Kundeneintrags speichern.

Name:	Geänderte Eigenschaftswerte:	Ereignis:
Form1	Name=frmKListe	
Command1	Name=befAnzeigen, Caption:='Anzeigen'	Click
Command2	Name=befHinzufügen,Caption='Hinzufügen'	Click
Command3	Name=befÄndern, Caption='Ändern'	Click
Command4	Name=befLöschen, Caption='Löschen'	Click
Command5	Name=befLöschenText, Caption="Löschen Textfeld"	Click
List1	Height=2205, Width=2775	
Text1	Name=txtKNr, Height=285, Width=1215	
Text2	Name=txtKName	
Text3	Name=txtKUmsatz	
Option(i) (als Array)	Name=optKTyp(), Index=0, 1 und 2, Caption="Kundentyp"	

Bild 4-2: Objektetabelle zu KLISTE.FRM mit zehn Steuerelementen (plus drei Labels)

Einen Datensatz aus der Liste löschen (befLöschen_Click)

```
Private Sub befLöschen_Click()        'von Form KLISTE.FRM
  If Not Delete Then MsgBox "Zuerst Listeneintrag wählen!"      '(1)
  End If
End Sub
Public Function Delete()              '(2) Öffentliche Funktion
  Dim i As Integer
  Delete = False                      'Annahme Funktionsergebnis False
```

```
  i = List1.ListIndex               '(3) Indexnummer der Markierung?
  If i >= 0 Then
    List1.RemoveItem i
    Delete = True                   'Funktionsergebnis True
  End If
End Function
```

(1) Delete liefert True? Konnte also ein Eintrag erfolgreich gelöscht werden?

(2) VB schlägt Public vor: Funktion in allen Formen des Projekts bekannt.

(3) ListIndex-Eigenschaft liefert den Index 0,1,2,... des markierten Eintrags.

```
Private Sub befLöschenText_Click()             'von Form KLISTE.FRM
  txtKNr.Text = "": txtKName.Text = ""         'Nur Inhalte löschen
  txtKUmsatz.Text = "": optKTyp(0).Value = True: txtKNr.SetFocus
End Sub
```

Einen Datensatz in die Textfelder einlesen (befAnzeigen_Click)

Den in der ListBox markierten Datensatz in die Textfelder und den Optionsfeld-Array kopieren, um sie dort ändern zu können.

```
Private Sub befAnzeigen_Click()         'von Form KLISTE.FRM
  Dim s As String, i As Integer
  s = List1.Text                        'Markierten Eintrag in s lesen
  i = InStr(s, ",")                     'Stelle mit dem Komma merken
  If i = 0 Then                         'Kein Komma
    MsgBox "Zuerst einen Listeneintrag markieren"
  Else
    txtKNr = Left(s, i - 1)             'Die ersten i-1 Zeichen entnehmen
    s = Mid(s, i + 2)                   'Aus s entfernen (incl. ", ")
    i = InStr(s, ",")                   'Wiederum Kommastelle suchen
    txtKName = Left(s, i - 1)           'Den Namen entnehmen
    s = Mid(s, i + 2)                   'String s erneut verkürzen
    i = InStr(s, ","): txtKUmsatz = Left(s, i - 1)
    optKTyp(Val(Right(s, 1))).Value = True
  End If
End Sub
```

Den geänderten Satz in der Liste speichern (befÄndern_Click)

Der in den Textfeldern bereitgestellte Datensatz wurde editiert und soll nun in die Liste gespeichert werden. Dazu hintereinander die Prozedur Delete und die Ereignisprozedur befHinzufügen_Click aufrufen.

```
Private Sub befÄndern_Click() 'von Form KLISTE.FRM
  If Delete                        'markierter Eintrag aus Liste gelöscht?
    Then befHinzufügen_Click   'Textfelder als zusätzl. Eintrag
    Else MsgBox "Zuerst den zu ändernden Eintrag markieren"
End Sub
```

4.2 Inhalt einer Liste als Textdatei speichern

4.2.1 Listenverwaltung über ein Menü

Problemstellung zu Form KLISTE1.FRM: Die Form KLISTE.FRM von Kapitel 4.1 um die Menübefehle "Datei" und "Bearbeiten" erweitern und die in der ListBox abgelegte Liste bzw. Tabelle in der Textdatei KLISTE.TXT speichern.

Ein Menü mit den Befehlen "Datei" und "Bearbeiten" einrichten

Den Menü-Editor durch "Extras/Menü-Editor" aufrufen und die Menübefehle "Datei" (Bild 4-4) und "Bearbeiten" (Bild 4-3) definieren.

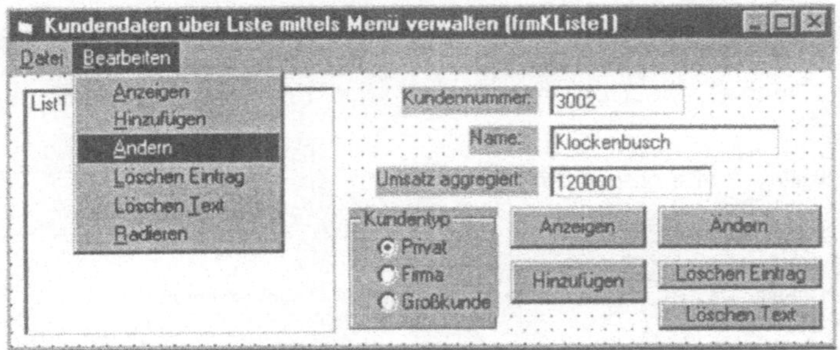

Bild 4-3: Form KLISTE1.FRM mit "Bearbeiten"-Menü zur Entwurfszeit

Für einen Menüpunkt eine Ereignisprozedur schreiben

Auf "Radieren" doppelklicken und mnuRadieren_Click codieren:

```
Private Sub mnuBearbeitenRadieren_Click()   'von Form KLISTE1.FRM
  Dim i As Integer
  txtKNr.Text = "": txtKName.Text = "": txtKUmsatz = ""
  For i = 0 To 2                            'Alle Optionen auf False setzen
    optKTyp(i) = False                      'im Steuerelemente-Array
  Next i
End Sub
```

Für einen Menüpunkt eine andere Ereignisprozedur zuordnen

Bei Anklicken auf mnuAnzeigen_Click (siehe Bild 4-3) soll der gleiche Code wie von befAnzeigen_Click (Bild 4-1) ausgeführt werden:

```
Private Sub mnuBearbeitenAnzeigen_Click()   'von Form KLISTE1.FRM
  befAnzeigen_Click                         'Ereignisprozedur aufrufen
End Sub
```

4.2.2 Textdatei zwischen Disk und RAM übertragen

Alle Sätze von ListBox in Textdatei A:\KLISTE1.TXT speichern

Die Anweisung Print #1 speichert Eintrag für Eintrag der Liste (aus dem RAM) in eine Textdatei (auf Diskette).

```
'Form KLISTE1.FRM                            'von Projekt LISTEN.VBP
Private Datei As String                      '(1) Dateiname formglobal
Private Sub Form_Load()
  Datei = "C:\VBBAS\KLISTE1.TXT"
  List1.Tag = 0                              'Liste zunächst gesichert
End Sub

Private Sub mnuDateiSpeichern_Click()        'von Form KLISTE1.FRM
  Dim i As Integer
  On Error GoTo Fehler
  Open Datei For Output As #1                '(2) Datei leer öffnen
  For i = 0 To List1.ListCount - 1
    Print #1. List1.List(i)                  '(3) Eintrag speichern
  Next i
  Close #1                                   'Datei schließen
  MsgBox "Liste gespeichert in " + Datei
  List1.Tag = 0                              '(4) Speicherung OK
  GoTo Ende
Fehler:
  MsgBox "... es wurde nicht in " + Datei + " gespeichert!"
Ende:
End Sub
```

(1) Datei zur Aufnahme des Dateinamens formglobal vereinbaren.

(2) Textdatei als Ausgabedatei leer öffnen (bisherigen Dateiinhalt löschen).

(3) **Print#-Anweisung zum Speichern:** Alle Items von List1 in die Textdatei übertragen, deren Name samt Pfad in der Datei-Variablen steht.

(4) **Tag-Eigenschaft zum Merken:** Jede Komponente verfügt über eine Tag-Eigenschaft, um darin LongInt-Daten zu speichern, für die keine gesonderte Eigenschaft vorgesehen ist. Tag=0 für "Liste gespeichert".

Liste in Datei unter einem anderen Namen zusätzlich speichern

Dazu einen neuen Dateinamen in die globale Variable Datei angeben.

```
Private Sub mnuDateiSpeichernUnter_Click() 'von KLISTE1.FRM
  DateinameEingeben                         'Neuer Dateiname?
  mnuDateiSpeichern_Click                   'Zusätzliche Datei
End Sub
Public Sub DateinameEingeben()             'von KLISTE1.FRM
  Datei = InputBox("Dateiname?". "Dateiname festlegen". Datei)
End Sub
```

```
Private Sub mnuDateiNeu_Click()                'von KLISTE1.FRM
  Dim A As Integer
  If List1.Tag = 1 Then                        'Alte Datei ungesichert?
    A = MsgBox("Liste zuerst speichern?", 3)
    If A = 6 Then                              'Alte Datei noch sichern
      mnuDateiSpeichern_Click
    ElseIf A = 3 Then                          'Abbrechen
      Exit Sub
    End If
  End If
  DateinameEingeben                            'Neuer Dateiname
  List1.Clear                                  'Listeninhalt löschen
End Sub

Private Sub mnuDateiBeenden_Click()
  If List1.Tag = 1 Then                        'Noch nicht gesichert?
    mnuDateiSpeichern_Click
  End If
  End                                          'Dateien schließen. Ende
End Sub
```

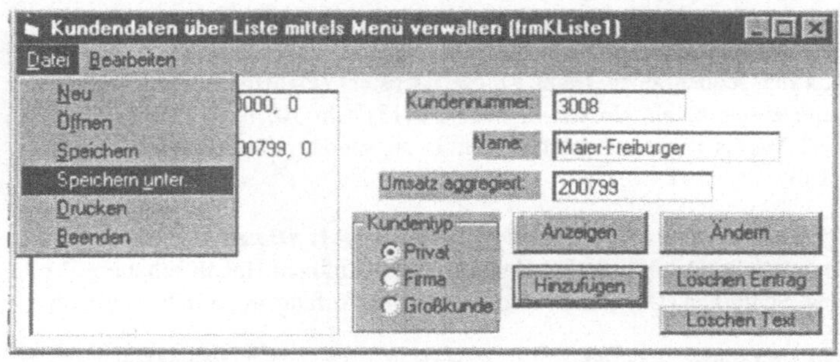

Bild 4-4: Ausführung zu Form KLISTE1.FRM von Projekt LISTEN.VBP

Datei A:\KLISTE1.TXT in die ListBox laden mittels Line Input #1

Zunächst – falls erforderlich – die aktuelle Liste sichern und dann die genannte Datei Satz für Satz in die Liste einlesen (laden, übertragen).

```
Private Sub mnuDateiÖffnen_Click()             'von Form KLISTE1.FRM
  Dim Zeile As String, ErrNr As Integer
  On Error GoTo Fehler
  If List1.Tag = 1 Then                        'Liste noch ungesichert?
    mnuDateiSpeichern_Click                    'Liste sichern
    DateinameEingeben
  End If
  List1.Clear                                  'Liste im RAM löschen
```

```
Open Datei For Input As #1              'Eingabedatei öffnen
Do While Not EOF(1)
   Line Input #1, Zeile                 'Nächsten Satz lesen
   List1.AddItem Zeile                  'und in Liste kopieren
Loop
Close #1
Exit Sub
Fehler:                                 'Fehlerbehandlung lokal
  MsgBox "Datei nicht gefunden. Fehler: " & ErrNr
  List1.Clear
End Sub
```

Close #DateiNr
Eine offene Datei schließen (zuvor ggf. den Dateipuffer leeren).
```
Close #1
```

Input #DateiNr, Felderliste
Aus der sequentiellen Datei #1 die Daten bis zum nächsten Trennungszeichen
(Chr(13) oder ",") in die nächste in der Felderliste genannte Variable einlesen.
```
Input #1, Var1, Var2, Var3
```

Line Input #DateiNr, sVariable
Aus der sequentiellen Datei #1 die nächsten Zeichen in die Stringvariable
Zeile einlesen, bis ein CR-Signal (Chr(13)+Chr(10) bzw. Chr(13)) gelesen
wird. Dieses Trennungszeichen nicht lesen, sondern überspringen.
```
Line Input #1, Zeile
```

Open DateiName For {Append/Input/Output} As #DateiNr
Sequentielle Datei über den Kanal #1 zum Anfügen (Inhalt erhalten), Lesen
bzw. Schreiben (Dateiinhalt löschen und von Anfang an schreiben) öffnen.

Print #DateiNr, Variable1, ",", Variable2, ",", ... , ",", VariableN
Die Daten der angegebenen Felderliste in die sequentielle Datei schreiben
bzw. hinzufügen und abschließend ein CR-Signal als Trennungszeichen übertragen. Den i. Eintrag des Steuerelements List1 schreiben:
```
Print #1, List1.List(i)
```
Werden mehrere Variablen aufgelistet, dann Komma als Trennungszeichen
der Felder angeben. Beispiel für einen vier Felder-Datensatz:
```
Print #1, KNr.",", KName, ",", KUmsatz, "," KTyp
```

Write #DateiNr, Variablenliste
Wie Print#-Anweisung, Feld-Trenner automatisch einfügen. Kapitel 4.3.
```
Write #1, KNr, KName, KUmsatz, KTyp
```

Bild 4-5: Wichtige Anweisungen zum Sichern in einer sequentiellen Datei

4.2.3 Die Ausgabe an den Drucker senden

Inhalt und Ziel zum Drucken: Den Inhalt der Form frmKListe1, der Liste List1 oder der Diskettendatei KLISTE1.TXT drucken? Die Ausgabe an den Drucker und/oder die Oberfläche der Form senden?

```
Private Sub mnuDateiDrucken_Click()      'von Form KLISTE1.FRM
  Dim Zeile As String, i As Integer
  Dim Wahl As String * 1
  Wahl = InputBox("F)orm, L)iste oder D)atei drucken?", "Druck", "L")
  Select Case Wahl
    Case "F", "f"
      frmKListe1.PrintForm                '(1) Form-Oberfläche  drucken
    Case "L", "l"
      For i = 0 To List1.ListCount - 1 'Alle Listeneinträge lesen
        Printer.Print List1.List(i)       '(2) Listeneinträge drucken
      Next i
      Printer.EndDoc                      'Druckpuffer leeren
    Case "d", "D"
      Open Datei For Input As #1          'Datei zum Lesen öffnen
      Do While Not EOF(1)
        Line Input #1, Zeile              'Nächste Zeile lesen
        Printer.Print Zeile               '(3) Ausgabe auf Drucker
        frmKListe1.Print Zeile            'Kontrollausgabe auf Form
      Loop
      Printer.EndDoc
      MsgBox "Datei ausgedruckt"
      frmKListe1.Cls                      'Kontrollausgabe löschen
      Close #1                            'Datei schließen
  End Select
```

(1) **PrintForm:** Die Methode PrintForm druckt die Form frmKListe1 Pixel für Pixel mit allen Steuerelementen, Grafiken und Print-Methoden aus, und zwar in der (vergleichsweise schlechten) Auflösung des Bildschirms.

(2) **Printer.Print:** Die Print-Methode sendet ihre Ausgabe zeilenweise an das Printer-Objekt (Printer.Print) oder die Form (frmKListe1.Print). Zum Starten des Druckvorgangs dienen die Methoden EndDoc (neuen Druck beginnen, Druckerpuffer leeren) und NewPage (den Druck fortsetzen).

(3) **Form1.Print:** Wird mit der Print-Methode auf die Form gedruckt, dann erscheint die Ausgabe hinter allen Steuerelementen.

Das Font-Objekt für das Printer-Objekt nutzen

Über die Font-Eigenschaft greift das Printer-Objekt auf das Font-Objekt zu. Zweck: Schrift über Eigenschaften des Font-Objekts setzen.

```
Printer.Font.Name="Serif"      'Die Schriftart zum Drucken einstellen
Printer.Font.Size = 9          'Die Schriftgröße auf 9 pt festlegen
```

4.3 Datensätze im String-Array speichern

Problemstellung zu Form KLISTE2.FRM: Die Sätze in Bild 4-1 nicht mehr über die an ListBox1 gebundene **visuelle Stringliste** verwalten (Kapitel 4.1, 4.2), sondern über einen **nicht-visuellen String-Array** namens KStriArr.

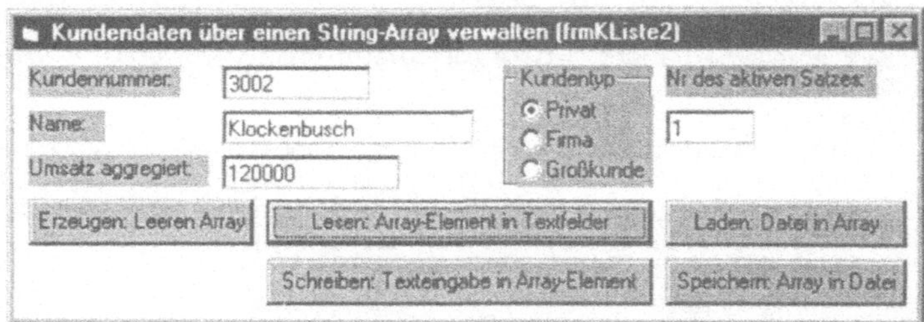

Bild 4-6: Ausführung zu Form KLISTE2.FRM von Projekt LISTEN.VBP

4.3.1 Array als Datenstruktur

Array als statische Datenstruktur (mit konstanter Dimension)

```
Dim Absatz(0 To 5) As Integer          '6 Absatzmengen in Element 0-5
                                       'von Array Absatz speichern
Dim ClubNamen(1 To 18) As String*25    '18 Namen von Bundesligaklubs
Dim Umsatz(1 To 31) As Single          '31 Umsatzwerte des Monats
Dim KStriArr(1 To 20) As String*36     '20 Kundenstrings à 36 Zeichen
```

Obige Arrays umfassen Werte bzw. Elemente, die alle den gleichen Datentyp aufweisen. Für jeden Array kann der Compiler bereits zur Übersetzungszeit Speicherplatz fest zuordnen, da die Anzahl der Elemente fest (statisch) vorgegeben ist. So hat der Array KStriArr 20 jeweils 36 Zeichen lange Stringelemente. Jedes Element dient zur Aufnahme der Felder Nummer, Name, Umsatz und Typ des Kunden.

Array als dynamische Datenstruktur (mit variabler Dimension)

Die Größe des Arrays kann sich zur Ausführungszeit ändern. In der Form KLISTE2.FRM den Array KStriArr zunächst mit der Private-Anweisung ohne Angabe der Ausdehnung deklarieren:

```
Private KStriArr() As String * Satzlänge    '1. Einmalig zu Beginn
```

Später wiederholt mit ReDim die Anzahl der Elemente variieren:

```
ReDim KStriArr(1 To SatzAnzahl)             '2. Später wiederholt
```

Einen Array mit unterschiedlich vielen Elementen erzeugen

```
'Form KLISTE2.FRM                      'von Projekt LISTEN.VBP
Private Const Satzlänge = 36           'Datensatzlänge ist konstant
Private KStriArr() As String * Satzlänge '(1) Array vereinbaren
Private Datei As String                'Dateiname formglobal
Private SatzAnzahl As Integer,i As Integer 'Anzahl der Array-Elemente
Private Sub Form_Load()
  Datei = "C:\VBBAS\KLISTE2.TXT"
  befErzeugen_Click                    'Array leer erzeugen
End Sub
Private Sub befErzeugen_Click()
  SatzAnzahl = Val(InputBox("Maximalanzahl der Kunden?"))
  ReDim KStriArr(1 To SatzAnzahl)          '(2) Array: Elemente-Anzahl
  'ReDim KStriArr(1 To SatzAnzahl) As String*Satzlänge   'Alternative
  For i = 1 To SatzAnzahl                'Array initialisieren
    KStriArr(i) = Space(Satzlänge)       '36 Leerzeichen je Element
  Next i
End Sub
```

(1) *Array KStriArr mit Private einmal deklarieren:* Elementetyp String*36
    einmalig deklarieren. Die Anzahl der Elemente noch offen lassen – des-
    halb die leere Klammer (). Diese Private-Anweisung nur einmal angeben.

(2) *Dem Array KStriArr mit ReDim mehrmals Speicherplatz zuweisen:* Hier
    36 Elemente mit den Indizes (Platznummern) 1,2,...,36 einrichten. Die
    ReDim-Anweisung kann man wiederholt angeben.

Kundensatz in Array KStriArr schreiben (befSchreiben_Click)

```
Private Sub befSchreiben_Click()       'von Form KLISTE2.FRM
  Dim s As String * Satzlänge          '(1) Hilfsvariable s
  s = Space(Satzlänge)                 '36 Leerstellen zuweisen
  Mid(s, 1, 4) = txtKNr.Text           'Die ersten vier Zeichen
  Mid(s, 5, 20) = txtKName.Text        '20 Zeichen ab Stelle 5
  Mid(s, 25, 10) = txtKUmsatz.Text     'Mid als Anweisung
  For i = 0 To 2                       'Kundentyp 0, 1 oder 2?
    If optKTyp(i).Value                'Welche Option ist True?
      Then Mid(s, 35, 2) = CStr(i)     '(2) Index übernehmen
  Next i
  i = InputBox("Stelle 1,2,...," & SatzAnzahl & " zum Schreiben?")
  KStriArr(i) = s                      '(3) In den Array schreiben
  txtKNr = "": txtKName = "": txtKUmsatz = "": optKTyp(0) = True
  txtSatzNr.Text = "?"                 'Meldung
End Sub
```

(1) Alternativ s als String variabler Länge deklarieren und den Leerstring
    durch Stringverkettung (Stringaddition) zuweisen:

```
    Dim s As String                              'Stringlänge variabel
    For i = 1 To Satzlänge: s = s + " ": Next i 'Stringverkettung
```

(2) Optionsfeld-Array optKTyp() mit den drei Steuerelementen optKTyp(0), optKTyp(1) und optKTyp(2) bzw. den Index-Eigenschaften 0, 1 und 2. Den Index der gesetzten Option in den String s ab Stelle 35 zuweisen.

(3) Auf den Array über den Index i schreibend zugreifen: *KStriArr(i)=s* für "Array KStriArr an der Stelle i ergibt sich aus s" bzw. "In das i. Element von Array KStriArr den Inhalt des Strings s kopieren". i dient als Indexvariable, um den Index (Stelle, Platznummer) anzugeben.

Element von Array KStriArr in Textfelder lesen (befLesen_Click)

```
Private Sub befLesen_Click()                'von Form KLISTE2.FRM
  Dim iSuch As Integer, s As String * Satzlänge
  Do                                        'Eingabezwang
    iSuch = Val(InputBox("Nummer 1-" & SatzAnzahl & "?"))
  Loop Until iSuch > 0 And iSuch <= SatzAnzahl
  s = KStriArr(iSuch)                       '(1) Aus dem Array lesen
  txtKNr.Text = Left(s, 4): txtKName.Text = Mid(s, 5, 20)
  txtKUmsatz.Text = Mid(s, 25, 10)          '10 Zeichen ab Index 25
  optKTyp(Val(Mid(s, 35, 2))) = True        '(2) 0, 1 oder 2 setzen?
  txtSatzNr.Text = CStr(iSuch)              'Nummer = Index anzeigen
End Sub
```

(1) Auf den Array über den Index iSuch lesend zugreifen: *s=KStriArr(iSuch)* für "Inhalt von Element 3 (falls iSuch=3) in Variable s zuweisen".

(2) Die Mid-Funktion entnimmt aus s ab Stelle 35 zwei Zeichen. In Prozedur befSchreiben_Click wird die Mid-Anweisung eingesetzt:

```
MsgBox Mid(s, 35,2)        'Funktion Mid liefert Funktionsergebnis
Mid(s, 35, s) = cStr(i)    'Anweisung Mid zur Wertzuweisung
```

4.3.2 Array in sequentieller Datei sichern

Sequentielle Datei mit Sätzen variabler Länge: In Kapitel 4.2.2 werden die Zeilen eines Listen-Steuerelements in die sequentielle Datei KLISTE1.TXT gespeichert: Die Zeilen sind verschieden lang, die Satzlänge also variabel. Schreibbefehl Print#, Lesebefehl Line Input#.

Sequentielle Datei mit Sätzen konstanter Länge: Hier werden die Elemente des Arrays KStriArr in die Datei KLISTE2.TXT gespeichert. Jedem 36 Zeichen langen Element des Arrays entspricht ein Satz der Datei. Schreibbefehle Write# bzw. Print#, Lesebefehl Input#.

```
Private Sub befSpeichern_Click()            'von Form KLISTE2.FRM
  Datei = InputBox("In welche Datei speichern?", , Datei)
  Open Datei For Output As #1               '(1) Datei #1 öffnen
  MsgBox "Datei leer geöffnet (alter Inhalt gelöscht)."
  Write #1, SatzAnzahl                      '(2) zuerst Anzahl speichern
```

```
For i = 1 To SatzAnzahl                  'Schreibschleife
  Write #1, KStriArr(i)                  '(3) dann die Sätze speichern
Next i
Close #1                                 'Datei verändert schließen
MsgBox SatzAnzahl & " Sätze gespeichert."
End Sub
```

(1) *Open ... For Output* zerstört den Inhalt und öffnet die Datei leer. Output durch Append ersetzen, um neue Sätze an den Dateiinhalt anzuhängen.

(2) Die in SatzAnzahl abgelegte Anzahl der Arrayelemente kann variieren, da sie dynamisch vereinbart wurde. Deshalb SatzAnzahl als Anzahl der Datensätze mit Write# zuerst in der Datei speichern.

(3) Alle Strings des Arrays KStriArr() vom RAM auf Diskette übertragen. Jeder String bzw. Datensatz hat die gleiche Länge von 36 Zeichen. Am Ende jedes Strings sendet Write# ein CR-Signal als Trennungszeichen.

```
Private Sub befLaden_Click()             'von Form KLISTE2.FRM
  Datei = InputBox("Von welcher Datei lesen?", "Dateiname", Datei)
  Open Datei For Input As #1             'Datei zum Lesen öffnen
  Input #1, SatzAnzahl                   'Die Anzahl lesen
  ReDim KStriArr(1 To SatzAnzahl)        'Dynamisch dimensionieren
  For i = 1 To SatzAnzahl
    Input #1, KStriArr(i)                'Alle Sätze in den Array lesen
  Next i
  Close #1                               'Datei unverändert schließen
End Sub
```

Anweisungen Input#, Write# und Print# zum Dateizugriff

— Die Anweisung *Input# Felderliste* liest in der gespeicherten Reihenfolge von Diskette (Datei #1) in den RAM (Variablen), und zwar bis zum nächsten "," bzw. CR (Carriage Return-Signal) als Trennungszeichen.

— Die Anweisung *Write# Felderliste* schreibt "," als Trennungszeichen zwischen die angegebenen Daten. Print# ist identisch zu Write#, nur muß der Programmierer die Trennungszeichen selbst angeben. Beide Anweisungen schließen die Felderliste mit einem CR-Signal ab.

— Beispiel zur Unterscheidung von Write# und Print#: In Form KLISTE2-.FRM wird mit KStriArr(i) der i. Datensatz geschrieben. Schreibt man die vier Felder des Satzes getrennt über vier Variablen (Typen String, String, Single und Integer), dann ist Write# bzw. Print# wie folgt nutzen:

```
For i = 1 To SatzAnzahl                  'Mehrere Sätze speichern
  Write #1, KNr, KName, KUmsatz, KTyp    'Vier Felder je Satz
Next i

For i = 1 To SatzAnzahl
  Print #1, KNr, ",", KName, ",", KUmsatz, ",", KTyp
Next i
```

iVar = CInt(Ausdruck)
```
MsgBox CInt(0.49), CInt(0.5)   '0 bzw. 1 als Integer ausgeben
```
Den angegebenen Zeichenausdruck (Character) in den Datentyp Integer umwandeln. Funktionen CBool(), CDate(), CDbl(), C(Lng), CSng(), CStr() und CVar() (Variant) entsprechend verwenden.

sVar = Format(nAusdruck, sFormatstring)
```
MSgBox Format(7518.4, "##.##0.00 DM")
```
Wie Str() eine Zahl in String umwandeln; zusätzlich gemäß Formatstring formatieren mit Platzhaltern 0 (Ziffer oder 0), # (Ziffer oder nichts), % (mal 100), < bzw. > (Klein- bzw. Großschreibung).

nVar = InStr([Suchanfang,] sZiel, sSuch)
```
MsgBox InStr(4, "Freiheit", "ei")   '4 als Position liefern
```
Das erste Auftreten des Suchstrings im Zielstring oder 0 liefern.

iVar = IsNumeric(Ausdruck)
```
If Not IsNumeric(Betrag) Then       'Variable prüfen
```
True liefern, wenn der Ausdruck numerisch ist..

nVar = Left(sAusdruck, n)
```
s = Left("Freiburg", 4)             '"Frei" als Funktionsergebnis
```
Die ersten n Zeichen oder einen Leerstring liefern. Right() analog.

nVar = Len(sAusdruck);
```
Länge = Len(txtKName.Text)          'Wieviele Zeichen eingegeben?
```
Die aktuelle Länge (Zeichenanzahl) der Stringvariablen s angeben.

Mid(sVariable, a [,n]) = sAusdruck   `'"Rote Nelke im Garten"`
```
Mid(Stri, 6, 5) = "Rosen"           '"Rote Rosen im Garten"
```
Die Mid-Anweisung ersetzt n Zeichen ab Position a in der Stringvariablen durch den Ausdruck.

sVariable = Mid(sVariable, a [,n])
```
For i=1 To 7: z=Mid(s,i,1)       '1., 2. ..., 7. Zeichen entnehmen
```
Mid-Funktion entsprechend der Mid-Anweisung.

sVar = Str(nAusdruck)
```
Zahl = Str("88.7 DM")            '5 Zeichen langen String " 88.7"
```
Eine Zahl als String darstellen. Siehe Format() und Val(9).

nVar = Val(sAusdruck)
```
Plz = Val("79117 Freiburg 12")   'Die Zahl 79117 zuweisen
```
Stringausdruck in einen numerischen Wert umwandeln und Ziffernfolge am Anfang des Strings als Zahl bereitstellen.

Verzeichnis 4-2: Grundlegende Funktionen und Prozeduren zur Stringverarbeitung

4.4 Steuerelemente-Array als Liste

Problemstellung zu Form TARRAY.FRM: Ausgehend von txtT(0)
als erstem Element eines Textfeld-Arrays txtT() die Elemente txtT(1)
bis txtT(39) zur Ausführungszeit laden und bearbeiten (hier mit "QQ"
füllen, löschen, markieren bzw. zwischendurch entladen). Zunächst
das zur Entwurfszeit oben links aufgezogene Element txtT(0) setzen:

```
Private Sub Form_Load()                  'von Form TARRAY.FRM in LISTEN.VBP
  txtT(0).Left = 120: txtT(0).Top = 120        'Positionieren Element 0
  txtT(0).Height = 375: txtT(0).Width = 375  'Größe festlegen
End Sub
```

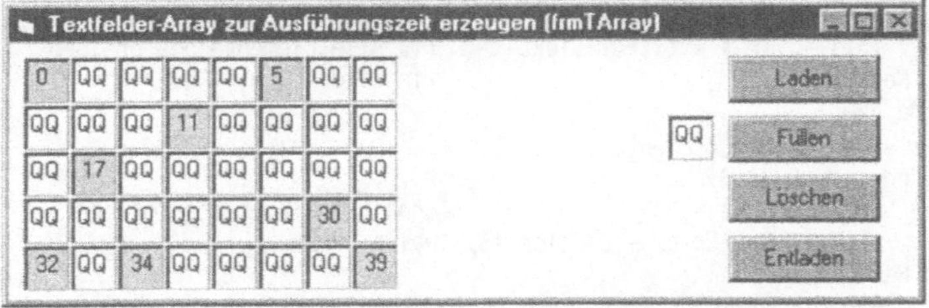

Bild 4-7: Ausführung zu Form TARRAY.FRM von Projekt LISTEN.VBP

39 Elemente txtT(1) bis txtT(39) in Form bzw. RAM laden (Load)

```
Private Sub befLaden_Click()            'von Form TARRAY.FRM in LISTEN.VBP
  On Error GoTo Fehler
  For i = 1 To 39
    Load txtT(i)                        '(1) Nächstes Element laden
    txtT(i).Visible = True              'Nach Laden zunächst unsichtbar
    txtT(i).Text = Str(i)               'Indexnummer in Textfeld anzeigen
  Next i
  For i = 1 To 39                       '(2) Neues Element positionieren
    If (i Mod 8 = 0) Then               'Wieder Element ganz links?
      txtT(i).Left = txtT(0).Left
      txtT(i).Top = txtT(i - 1).Top + 375   'Eine Zeile weiter runter
    Else
      txtT(i).Left = txtT(i - 1).Left + 375
      txtT(i).Top = txtT(i - 1).Top          'Wie Vorgänger-Element
    End If
  Next i
  GoTo Ende                            'unbedingter Sprung
Fehler:                               '(3) Laden nicht möglich?
  MsgBox "Array bereits geladen. Fehlernummer " & Err
  Resume Ende                         'alternativ: On Error GoTo 0
Ende:                                 'Ende als Sprungmarke
End Sub
```

(1) Die Load-Anweisung fügt der Form das nächste Element eines Steuerele-
    mente-Arrays hinzu (dazu die Index-Eigenschaft um 1 erhöhen), ohne es
    anzuzeigen. Da sich die Elemente zunächst nur in der Index-Eigenschaft
    unterscheiden, liegen sie aufeinander; sie überdecken sich.
(2) Die 40 aufeinanderliegenden Elemente des Arrays nach rechts und/oder
    nach unten positionieren, d.h. in Form eines Rechtecks sichtbar machen.
(3) Ruft man über befLaden_Click zweimal hintereinander die Load-Anwei-
    sung auf, dann wird der Fehler 360 erzeugt.

Auf die Elemente des Textfelder-Arrays txtT() einzeln zugreifen

```
Private Sub befFüllen_Click()          'von Form TARRAY.FRM
  For i = 0 To 39
    txtT(i).Text = txtFüll.Text        '(1) Alle Elemente beschreiben
  Next i                               '(in Bild 4-7 mit "QQ")
End Sub
Private Sub befLöschen_Click()
  For i = 0 To 39
    txtT(i).Text = ""                  'Inhalt des Elements löschen
    txtT(i).BackColor = QBColor(15) 'weiße Farbe
  Next i
End Sub
Private Sub txtT_GotFocus(Index As Integer)      'Cursor auf Element?
  txtT(Index).BackColor = QBColor(14)  '(2) hellgelb
  txtT(Index).Text = Str(Index)        'Index-Zahl im Element zeigen
  txtT(Index).SetFocus                 'Fokus setzen
End Sub
```

(1) i als Indexvariable: Über txtT(i) auf das i. Element des Arrays zugreifen.
(2) Index als Indexvariable: Das GotFocus-Ereignis stellt über die Variable
    Index die Platznummer des Arrayelements zur Verfügung, das gerade
    den Fokus erhalten hat (durch Anklicken bzw. über die Tab-Taste). Das
    angeklickte Element wird mit hellgelber Farbe gefüllt.

Elemente des Textfelder-Arrays aus dem RAM entladen (Unload)

Unload txtT(39) entläd das Arrayelement 39 aus RAM und Form. Unload läßt sich nur auf Elemente anwenden, die der Form zur
Ausführungszeit mit Load angefügt wurden. Beim späteren Laden
initialisiert VB die Eigenschaften entladener Elemente neu.

```
Private Sub befEntladen_Click()        'von Form TARRAY.FRM
  For i = 1 To 39
    Unload txtT(i)                     'Element i aus RAM entfernen
  Next i
End Sub
```

5 Datenbankprogrammierung

Eine Datenbank (DB) umfaßt mehrere Tabellen zu einem bestimmten Thema. Beispiel: Firmen-Datenbank mit den Tabellen Kunden, Rechnungen, OffenePosten, Mahnungen, Adressen, Artikel, Lieferer, ...

- In VB mit dem Datenbank-Manager eine neue Datenbank anlegen.
- Die größere Bedeutung jedoch kommt der Nutzung von VB als *Front End* zu: Eine Datenbank, die unter einem Datenbanksystem wie Access, dBase oder Paradox bereits erstellt wurde, in VB über geeignete Prozeduren verwalten, auswerten bzw. bearbeiten.

Relationale Datenbanksysteme, die den ODBC-Standard (Open Database Connectivity) unterstützen, sind z.B. Access, dBase, Foxpro, Paradox und Btrieve. Das Microsoft Jet Datenbankmodul, das VB wie auch Access antreibt, bietet die Möglichkeit, auf Datenbanken des ODBC-Standards zuzugreifen. Dabei stellt VB zwei grundlegende Techniken für die grundlegenden Datenmanipulatonen bereit:

- **Datensteuerelement-Objekte:** Steuerelemente Data1, Data2, ... stellen die Funktionalität bereit, um Tabellen mit wenig VB-Code zu verwalten.
- **Datenzugriffsobjekte:** Objektorientierte Programmierungsschnittstelle über DAO (Data Access Objects).

Die nachfolgenden Beispiele beziehen sich auf die KUNDEN-Tabelle einer Datenbank namens FIRMA.MDB, die unter Access angelegt worden ist. Datensatzstruktur der KUNDEN-Tabelle:

```
Type KundenSatzTyp          'Record-Typ als Verbund-Typ
  KNr As String * 4         'Vier Datenfelder, kurz: Felder
  KName As String * 30
  KUmsatz As Single         'Satzaufbau wie bei Listenprogrammierung
  KTyp As Integer           'identisch verwendet; siehe Bild 4-1
End Type
```

5.1 Zugriff über DB-gebundene Steuerelemente

5.1.1 Tabellarische Darstellung aller Datensätze

Problemstellung zu Form KTABELL1.FRM: Alle Datensätze der KUNDEN-Tabelle über die Steuerelemente Data1 und DBGrid1 verwalten, um die drei Datenmanipulationen *Anzeigen, Ändern* und *Hinzufügen* durchzuführen.

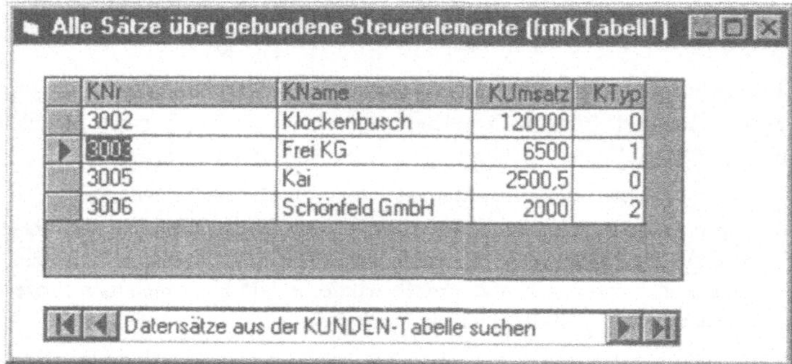

Bild 5-1: Ausführung zu Form KTABELL1.FRM von Projekt KDATEN.VBP

Eine komplette Datenverwaltung installieren in zwei Schritten

Der Code von Form KTABELL1.FRM ist in Form_Load abgelegt:

```
Private Sub Form_Load()        'Form KTABELL1.FRM in Projekt KDATEN.VBP
  Data1.DatabaseName = "C:\FIRMA.MDB"            '(1) Satzherkunft
  Data1.RecordSource = "Kunden"
 'DBGrid1.DataSource = Data1   zur Entwurfszeit  '(2) Sätze anzeigen
  Data1.BOFAction = 0                            'Erster Satz bleibt
  Data1.EOFAction = 2                            '(3) AddNew auslösen
End Sub
```

(1) Datensteuerelement Data1 stellt Verbindung zur Tabelle her

Ein Datensteuerelement aufziehen, den Vorgabenamen Data1 belassen. Zur Entwurfszeit oder über die Prozedur Form_Load die Data-BaseName-Eigenschaft auf die Access-Datenbank FIRMA.MDB samt Pfad und die Recordsource-Eigenschaft auf den Tabellennamen KUN-DEN setzen. Sobald die Form_Load ausgeführt wird, ist die Verbindung zwischen Form (hier frmKTabell1) und Datenbank (hier C:\FIRMA.MDB) bzw. Tabelle (hier KUNDEN) hergestellt.

(2) Tabelle (Gitter) DBGrid1 als DB-gebundenes Steuerelement

DBGrid1 auf der Form aufziehen und die RecordSource-Eigenschaft auf Data1 setzen. Nun empfängt das DBGrid1 die Datensätze der KUNDEN-Tabelle vom Datensteuerelement und zeigt sie tabellen-förmig an (Bild 5-1 oben). Über vier Buttons kann der Benutzer in der Tabelle blättern, d.h. den Satzzeiger zum ersten, vorhergehenden, nächsten bzw. letzten bewegen (Bild 5-1 unten). Der zugehörige Satz wird im DBGrid1 markiert (in Bild 5-1 ist es Satz 3003).

Name:	Geänderte Eigenschaftswerte:	Ereignis:
Form1	Name=frmKTabell1	Load
Data1	DatabaseName="C:\FIRMA.MDB", RecordSource="Kunden", BOFAction=0, EOFAction=2, Caption="Datensätze ... suchen"	
DBGrid1	DataSource=Data1	

Bild 5-2: Objektetabelle zu Form KTABELL1.FRM von Projekt KDATEN.VBP

Anzeigen, Hinzufügen und Ändern von Sätzen über Data1

Das Datensteuerelement Data1 umfaßt eine breite Funktionalität:

- Verbindung zwischen der KUNDEN-Tabelle der Datenbank FIR-MA.MDB und der Form herstellen.

- DB-gebundene Steuerelemente wie hier DBGrid1 mit den Sätzen dieser Tabelle versorgen.

- Die Datenmanipulationen *Anzeigen, Ändern* und *Hinzufügen* kontrollieren: Einen anderen Satz aktivieren und anzeigen. Die Änderungen im aktiven Satz speichern, sobald der Benutzer zu einem anderen Satz wechselt. Einen Satz an die Tabelle hinzufügen, sobald der Benutzer den Satzzeiger hinter die EOF-Marke bewegt, also hinter den letzten Satz.

(3) Hinzufügen eines Satzes über die EOFAction-Eigenschaft

Den Versuch, den Satzzeiger hinter den letzten Satz zu setzen, quittiert das Datensteuerelement Data1 je nach Einstellung der EOFAction-Eigenschaft mit "MoveLast als Standard, letzter Satz bleibt aktiv" (Data1.EOFAction=0), "EOF, Satzzeiger auf Dateiende-Marke" (EOFAction=1) oder "Leersatz anhängen aktivieren" (EOFAction=2). In Form_Load wird *Data1.EOFAction=2* eingestellt.

Speichern in eine neue Tabelle: Öffnet man eine leere Tabelle, dann fügt *Data1.EOFAction=2* sofort einen neuen Datensatz hinzu. Ein Fehlerabbruch durch leere Sätze wird somit verhindert.

DatabaseName-Eigenschaft bei Access, dBase bzw. Paradox

Access speichert alle Tabellen in einer MDB-Datei ab. Hier gibt Data1.DatabaseName den MDB-Dateinamen mitsamt Zugriffspfad und Data1.RecordSource den Tabellennamen an.

Bei Systemen wie Paradox, dBase und FoxPro wird jede Tabelle als gesonderte Datei gespeichert. Hier gibt *Data1.DatabaseName* lediglich den Pfad an, in dem die Datei abgelegt ist.

5.1.2 Darstellung einzelner Datensätze

Problemstellung zu Form KTABELL2.FRM: Die vier Felder eines Satzes der Kunden-Tabelle über die DB-gebundenen Steuerelemente txtKNr, txtKName, txtKUmsatz und txtKTyp bzw. optTyp darstellen. Dabei kontrolliert das Datensteuerelement Data1 die Datenverwaltung Satz für Satz:

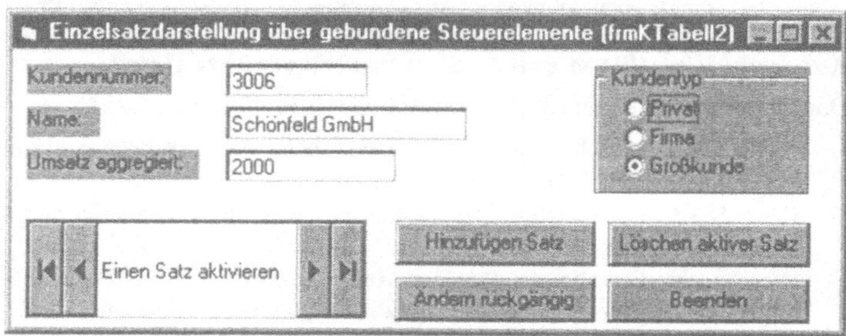

Bild 5-3: Ausführung zu Form KTABELL2.PAS von Projekt KDATEN.VBP

Die Einzelsatzdarstellung installieren in zwei Schritten

```
'Form KTABELL2.FRM                              von Projekt KDATEN.VBP
Private UpdateCancelled As Boolean             'Flag formglobal

Private Sub Form_Load()
  Data1.DatabaseName = "C:\FIRMA.MDB"          '(1) Datensteuerelement
  Data1.RecordSource = "Kunden"
  Data1.BOFAction = 0                          'Bleibt beim 1. Satz
  Data1.EOFAction = 0                          'Letzten Satz bleibt
  'txtKNr.DataSource = Data1
  'txtKNr.DataField = KNr
  'txtKName.DataSource = Data1                 '(2) DB-gebundene Controls
  'txtKName.DataField = KName
  'txtKUmsatz.DataSource = Data1
  'txtKUmsatz.DataField = KUmsatz
  'txtKTyp.DataSource = Data1
  'txtKTyp.DataField = KTyp
  txtKTyp.Visible = False                      'Hilfsfeld für optKTyp
End Sub
```

(1) Datensteuerelement Data1 stellt Verbindung her zur KUNDEN-Tabelle der Datenbank FIRMA.MDB.

(2) Für die vier DB-gebundenen Steuerelemente txtKNr, txtKName, txtKUmsatz und KTyp die Eigenschaften DataSource=Data1 und DataField (jeweiliger Feldname KNr, KName, KUmsatz, KTyp) setzen.

Name:	Geänderte Eigenschaftswerte:	Ereignis:
Form1	Name=frmKTabell2, Caption="Einzel..."	Load
Data1	DatabaseName="C:\FIRMA.MDB", RecordSource="Kunden", EOFAction=0, Caption="Einen Satz aktivieren"	Validate, Reposition
txtKNr	DataSource=Data1, DataField="KNr"	
txtKName	DataSource=Data1, DataField="KName"	
txtKUmsatz	DataSource=Data1,DataField="KUmsatz"	
txtKTyp	DataSource=Data1, DataField="KTyp"	
optKTyp(i)	Caption="Kundentyp", Index=0,1,2	
befHinzufügen	Caption="Hinzufügen Satz"	Click
befLöschen	Caption="Löschen aktiver Satz"	Click
befÄndern-Rückgängig	Caption="Ändern Rückgängig"	Click
befBeenden	Capton="Beenden"	Click

Bild 5-4: Objektetabelle zu Form KTABELL2.FRM von Projekt KDATEN.VBP

Einen Optionsfeld-Array an ein DB-gebundenes Textfeld koppeln

Das KTyp-Feld im Satz der KUNDEN-Tabelle enthält 0, 1 oder 2. Bei jedem Datensatzwechsel in das Textfeld txtKTyp automatisch "0", "1" oder "2" einlesen – automatisch, da txtKTyp als DB-gebundenes Steuerelement über die Eigenschaften *txtKTyp.DataSource=Data1* und *txtKTyp.DataField=KTyp* an die Tabelle gebunden ist:

```
Optionsfeld-Array      DB-gebundenes Textfeld     Feld im Puffer
   optKTyp(i)                txtKTyp            Data1.Recordset!KTyp

optKTyp(0).Value=True
optKTyp(1).Value=True        "0". "1" oder "2"       0. 1 oder 2
optKTyp(2).Value=True
```

Nun sollen die Werte "0", "1" und "2" über die Optionsfelder "Privat", "Firma" und "Großkunde" angezeigt werden (Bild 5-3). Dazu drei Optionsfelder aufziehen, mit dem gleichen Namen optKTyp versehen und die Index-Eigenschaften 0, 1 und 2 zuweisen. VB richtet einen **Array von Optionsfeldern** ein, auf dessen Elemente man über die Index-Eigenschaften (kurz Indizes) 0, 1 und 2 zugreift (Indizierung).

```
Private Sub optKTyp_Click(Index As Integer) '(1) txtKTyp beschreiben
  txtKTyp.Text = Str(Index)                 '(2) Kundentyp speichern
End Sub
```

(1) In der Schablone der Ereignisprozedur optKTyp_Click fügt VB den Index als Parameter ein. Index liefert also das Element des Arrays, das angeklickt bzw. dessen Value-Eigenschaft dadurch True wurde.

(2) Diesen Index über die Str()-Funktion umwandeln und dem Textfeld txtKTyp zuweisen. Da txtKTyp DB-gebunden ist, wird dieser Wert dann beim Datensatzwechsel automatisch in die Tabelle gespeichert.

Reposition-Ereignis: Dieses Ereignis wird für das Datensteuerelement *nach* jedem Datensatzwechsel ausgelöst. Also der richtige Zeitpunkt, um über Optionsfelder den aktuellen Kundentyp anzuzeigen.

```
Private Sub Data1_Reposition()                  '(3) Feld txtKTyp lesen
  optKTyp(Val(txtKTyp.Text)).Value = True      '(4)
End Sub
```

(1) Datensatzwechsel? Ist also ein anderer Satz aktiviert worden?

(2) Den numerischen Wert von txtKTyp.Text (also zum Beispiel 1) als Index für den Array optKTyp() verwenden (zum Beispiel optKTyp(1)), um diese Option zu setzen (also Value=True zuzuweisen).

Einen neuen Satz hinzufügen über die AddNew-Methode

In KTABELL1.FRM (Kapitel 5.1.1) bewirkt *Data1.EOFAction=2*, daß das Datensteuerelement Data1 automatisch die AddNew-Methode aufruft bzw. einen Leersatz an die Tabelle anhängt, sobald der Satzzeiger hinter dem letzten Satz steht. In der Form KTABELL2.FRM ist dies über *Data1.EOFAction=0* abgeschaltet. Der Benutzer muß die AddNew-Methode über eine eigene Schaltfläche aufrufen:

```
Private Sub befHinzufügen_Click()
  Data1.Recordset.AddNew                        '(1) Leersatz
  txtKNr.SetFocus                               '(2) Fokussieren
  txtKUmsatz.Text = "0.00"                       'Vorgabe zunächst Null
End Sub
```

(1) Einen Leersatz an die Tabelle hinzufügen und diesen Satz aktivieren.

(2) Das Feld txtKNr erhält den Fokus (zwecks Eingabe der Kundennummer).

AddNew erfordert Update: AddNew stellt einen Leersatz im RAM-Puffer bereit. Die Felder dieses neuen Satzes werden erst dann in die Tabelle geschrieben, wenn eine Update-Methode aufgerufen wird.

Den aktiven Satz löschen über die Delete-Methode

Das Datensteuerelement unterstützt die Datenmanipulationen *Anzeigen, Ändern* und *Hinzufügen*, nicht aber das *Löschen* eines Satzes. Hierzu ist die Delete-Methode durch VB-Code aufzurufen.

```
Private Sub befLöschen_Click()                          'von KTABELL2.FRM
  Dim Antwort As Integer
  If Not (Data1.Recordset.EOF Or Data1.Recordset.BOF) Then
    Antwort = MsgBox("Aktiven Satz löschen?", 4)
    If Antwort = 6 Then                                 '(1) Bestätigen
      Data1.Recordset.Delete                            '(2) Löschen
      Data1.Recordset.MoveNext                          '(3) Aktivieren
      If Data1.Recordset.EOF Then
        Data1.Recordset.MoveLast
      End If
    End If
  End If
End Sub
```

(1) Vor dem Löschen stets eine Bestätigung des Benutzers einholen.

(2) Die Delete-Methode entfernt den aktiven Satz aus der Tabelle, läßt den Satzzeiger jedoch unberücksichtigt.

(3) Den Satzzeiger auf den nächsten Satz (MoveNext) oder (falls der letzte Satz gelöscht wurde) auf den letzten Satz setzen.

5.1.2.1 Eingabe von Datensätzen validieren

Das Validate-Ereignis wird für das Datensteuerelement *vor* jedem Speichern (Überschreiben) eines aktiven Satzes ausgelöst, also vor dem Aktivieren eines anderen Satzes. Dies ist der Fall, wenn man den aktiven Satz wechseln, löschen oder die Tabelle schließen möchte.

```
Private Sub Data1_Validate(Action As Integer, Save As Integer)   '(1)
  Dim Info As String
  UpdateCancelled = False                           '(2) Annahme OK
  If Save = True Or _                               '(3) Änderung?
    Action = vbDataActionUpdate Or _                '(4)
    Data1.Recordset.EditMode = dbEditAdd Then '(5) Neuer Satz?
    If Not IsNumeric(txtKNr.Text) Then              '(6) Zahl?
      Info = "3000er Kundennummer eingeben"
      txtKNr.SetFocus
    ElseIf txtKName.Text = "" Then                  '(7) Name fehlt?
      Info = "Kundenname fehlt"
      txtKName.SetFocus
    End If
    If Info <> "" Then                              '(8) Eingabefehler?
      MsgBox "Aktiver Satz fehlerhaft: "+ Info 'Fehler nennen
      Action = vbDataActionCancel                   '(9) Rückgängig
      UpdateCancelled = True                         '(10) Flag setzen
    End If
  End If
End Sub
```

(1) Der Action-Parameter beschreibt das Ereignis, das Validate ausgelöst hat. Der Save-Parameter ist True, wenn sich ein DB-gebundenes Steuerelement geändert hat.

(2) Formglobale Hilfsvariable UpdateCancelled: Ist das Update zu canceln bzw. rückgängig zu machen? Zunächst Annahme: nein.

(3) Wurde der Inhalt eines DB-gebundenen Feldes geändert?.

(4) Wurde die Edit-Methode aufgerufen und noch nicht mit Update beendet?

(5) Oder wird ein Leersatz eingegeben, der noch nicht gesichert ist? In den Fällen (3)-(5) nun prüfen, ob die vorgenommenen Aktualisierungen für die Felder erlaubt sind.

(6) Funktion IsNumeric() prüft, ob eine Kundennummer eingegeben wurde.

(7) Ist das Kundennamefeld leer?

(8) Sind die Daten im eingegebenen Satz ungültig?

(9) Den Action-Parameter auf die vordef. Konstante vbDataActionCancel setzen: Das Ereignis verwerfen, die das Validate-Ereignis ausgelöst hat (z.B. einen Satzwechsel mit MoveNext). Action wird hier also als Ein-/Ausgabeparameter verwendet, nicht als Eingabeparameter!

(10) Den formglobalen Abbrechen-Flag UpdateCancelled setzen, der in der Prozedur Form_Unload angefragt wird.

Unload-Ereignis vor dem Fensterschließen: Dieses Ereignis tritt ein, bevor die Form vom Bildschirm entfernt wird – ausgelöst durch den Schließen-Befehl im Systemmenü des Formfensters, eine End- oder eine Unload-Anweisung (wie hier über befBeenden_Click).

```
Private Sub befBeenden_Click()
  Unload Me                          'Die Form entladen
End Sub
```

Unload über den Cancel-Parameter zurücknehmen:

```
Private Sub Form_Unload(Cancel As Integer)
  If UpdateCancelled Then                '(1) War Validate unkorrekt?
    Cancel = True                        '(2) Unload abbrechen
  ElseIf Data1.Recordset.EditMode = dbEditAdd Then  '(3)
    Data1.Recordset.Update               'Neuen Satz schreiben
  End If
End Sub
```

(1) Das formglobale Flag UpdateCancelled ist gesetzt, wenn Validate fehlgeschlagen ist.

(2) Nun das Unload-Ereignis abbrechen, da die Form nicht beendet werden darf. Der Cancel-Parameter wird also als Ein-/Ausgabeparameter (Variablenparameter) genutzt.

(3) War Validate erfolgreich und wurde der mit AddNew neu angehängte Satz noch nicht gesichert?

5.1.2.2 Eingabe von Datensätzen rückgängig machen

Beim Datensatzwechsel speichert das Datensteuerelement die vorgenommenen Änderungen automatisch ab. Über eine Schaltfläche soll eine Undo-Funktion realisiert werden, um dieses automatische Speichern rücknehmen zu können.

```
Private Sub befÄndernRückgängig_Click()  'von Form KTABELL2.FRM
   If Data1.EditMode = dbEditAdd Then     '(1) AddNew rückgängig machen?
     Data1.Recordset.CancelUpdate          'Aktiven Satz ungültig machen
     Data1.Recordset.MoveFirst             'Zum ersten Satz
   Else                                    '(2) Edit rückgängig machen?
     Data1.UpdateControls                  'Werte im Satz zurücksetzen
   End If
End Sub
```

(1) Wurde ein neuer Satz angehängt und darin Felder beschrieben? Dann über die **CancelUpdate-Methode** das Überschreiben zurücknehmen.

(2) Wurde ein früher bereits gespeicherter Satz geändert? Dann über die **UpdateControls-Methode** den aktiven Satz von der Tabelle neu einlesen und über die DB-gebundenen Steuerelemente anzeigen.

Der Benutzer arbeitet mit der Datenbank in drei Ebenen

Sichtbar sind die Sätze bzw. Felder einer Tabelle über DB-gebundene Steuerelemente. Die DB selbst kann verborgen bleiben, da das Datensteuerelement als Schnittstelle zwischengeschaltet wird:

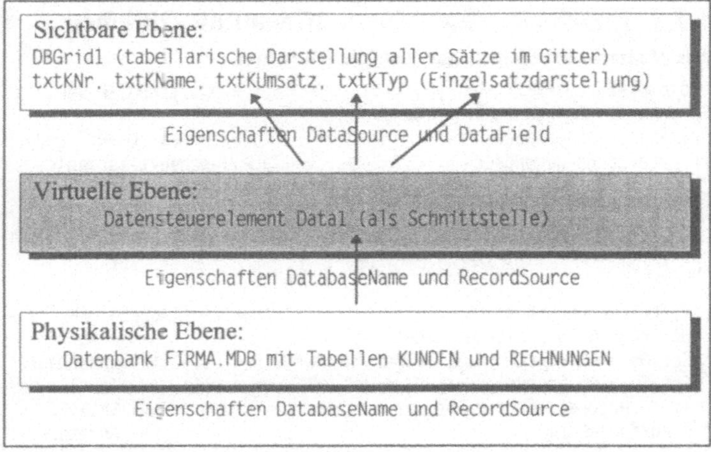

Bild 5-5: Grundlegende DB-Komponenten (Objekte) der drei Datenbank-Ebenen

5.2 Zugriff über direkte Programmierung

Drei Möglichkeiten zum Arbeiten mit Datenbanken unter VB:

- *Datenbankzugriff über DB-gebundene, datensensitive Steuerelemente mit einem Datensteuerelement Data1, Data2, ... (Kapitel 5.1).*
- *Datenbankzugriff über direkte Programmierung (Kapitel 5.2).*
- *Datenbankzugriff über die Kombination von "Bounded Controls" sowie direkte Programmierung der DB-Objekte (Kapitel 5.3).*

Problemstellung zu Form KTABELL3.FRM: Die vier grundlegenden Datenmanipulationen *Anzeigen, Ändern, Hinzufügen* und *Löschen von Sätzen* ohne Data1 über direkte Programmierung codieren.

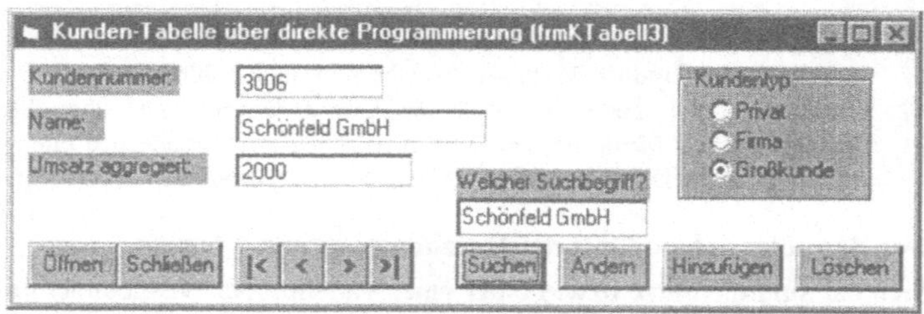

Bild 5-6: Ausführung zu Form KTABELL3.FRM von Projekt KDATEN.VBP

5.2.1 Tabelle der Datenbank öffnen und schließen

Die Datenbank Db mit der Tabelle Tb öffnen

```
'Form KTABELL3.FRM                        'von Projekt KDATEN.VBP
Private SatzGeändert As Boolean
Private Db As Database                    '(1) Datenbankobjekt- und
Private Tb As Recordset                   'Tabellenobjekt-Variable

Private Sub Form_Load()
  txtKTyp.Visible = False                 'Hilfsvariable für optKTyp
  SatzGeändert = False                    '... noch nichts geändert
End Sub

Private Sub befÖffnen_Click()             'von Form KTABELL3.FRM
  On Error GoTo FehlerBeimLaden
  Set Db = OpenDatabase("C:\VBBAS\FIRMA.MDB")       '(2) Datenbank
  Set Tb = Db.OpenRecordset("Kunden". dbOpenDynaset) '(3) Tabelle
  If Tb.RecordCount > 0 Then                         '(4) Sätze?
    PufferInForm                                     '(5) Anzeigen
  Else
    MsgBox "Tabelle leer geöffnet (ohne Sätze)"
```

```
  End If
  Exit Sub                              'Zu End Sub unbedingt verzweigen
FehlerBeimLaden:                        'Tb konnte nicht geöffnet werden
  MsgBox "Fehler: " & Err.Description
  End
End Sub
```

(1) Db und Tb als Objektvariablen, um ein Datenbankobjekt vom Typ Database und ein Tabellenobjekt vom Typ Recordset aufzunehmen.

(2) OpenDatabase-Methode öffnet die Access-Datenbank FIRMA.MDB. Für Paradox- bzw. dBase-Dateien wäre hier nur der Zugriffspfad anzugeben.

(3) OpenRecordset-Methode öffnet die KUNDEN-Tabelle bzw. erzeugt eine Instanzvariable Tb zur Aufnahme dieser Tabelle.

(4) Die RecCount-Methode liefert die Anzahl der Datensätze (Records) der Tabelle. Sind Sätze in der Tabelle gespeichert?

(5) Wenn ja: Den ersten (aktiven) Satz mit seinen vier Feldern aus dem RAM-Puffer in die Textfelder kopieren, also auf der Form anzeigen. Siehe Kapitel 5.2.2.

Tabellenobjekt Tb und Datenbankobjekt Db schließen

```
Private Sub befSchließen_Click()              'von KTABELL3.FRM
  Dim Nix As Boolean
  Nix = False
  If SatzGeändert Then                        '(1) Formglobales Flag
    Select Case MsgBox("Satz speichern?", 3)
      Case 6                                  'ja bzw. vbYes
        befÄndern_Click                       '(2) Noch überschreiben
      Case 7                                  'nein bzw. vbNo
        MsgBox "Aktiver Satz nach Änderung nicht gespeichert"
      Case 2                                  'Abbrechen
        Nix = True
    End Select
    If Nix Then
      MsgBox "Na gut": SatzGeändert = True    'Flag setzen
    End If
  End If
  If Not Nix Then
    Tb.Close: Db.Close                        '(3) Schließen
    End
  End If
End Sub
```

(1) Wurde der aktive Satz zwischenzeitlich geändert, ohne auf Tabelle gesichert worden zu sein?

(2) Den aktiven Satz zuerst noch in der Tabelle überschreiben.

(3) Close-Methode schließt die Tabelle und die Datenbank. Tb.Close kann man weglassen, da die Datenbank auch alle ihre Tabellen schließt.

5.2.2 Datenmanipulation "Anzeigen eines Satzes"

Satz anzeigen: MoveFirst, MoveLast, MoveNext, MovePrevious

Die vom Datensteuerelement automatisch verwalteten Navigationstasten müssen über Befehlsschaltflächen programmiert werden, um die vier Move-Methoden aufzurufen (vgl. Bild 5-6). VB verwaltet einen Datensatzzeiger als Cursor, der auf die aktive Zeile bzw. den aktiven Satz zeigt. Durch die Methoden MoveNext, MovePrevious, MoveFirst bzw. MoveLast wird der Satzzeiger zur nächsten, vorangehenden, ersten bzw. letzten Tabellenzeile bewegt und der zugehörige Satz in den Datensatzpuffer geladen, aber noch nicht angezeigt.

```
Private Sub befFirst_Click()
  Tb.MoveFirst                          '(1) Satzzeiger auf 1. Satz
  PufferInForm                          '(2) Aktiven Satz anzeigen
End Sub
```

(1) Die MoveFirst-Methode setzt den Satzzeiger auf den ersten Satz und kopiert ihn von der Tabelle Tb in einen speziellen Speicherbereich im RAM, der Satzpuffer, RAM-Puffer bzw. Copy-Puffer genannt wird.

(2) Die benutzerdefinierte Prozedur PufferInForm kopiert die im Puffer abgelegten Felder des aktiven Satzes in die Steuerelemente der Form.

Den Satz aus dem Puffer in die Form kopieren

```
Public Sub PufferInForm()               '(1) Aktiven Satz anzeigen
  txtKNr.Text = Tb!KNr                   '(2)
  If Not IsNull(Tb!KName) Then
    txtKName.Text = Tb!KName
  Else
    txtKName.Text = ""                   '(3) Textfeld leeren
  End If
  txtKUmsatz = Tb!KUmsatz
  optKTyp(Tb!KTyp).Value = True          '(4) Kundentyp anzeigen
  SatzGeändert = False                   'muß nicht gespeichert werden
End Sub
```

(1) Aufgerufen von allen Prozeduren, die einen Satz von Tabelle in die Form lesen: befÖffnen_Click, befFirst_Click, befLast_Click, befVor_Click, befZurück_Click und befSuchen_Click.

(2) Tb!KNr bezeichnet das KNr-Feld des aktiven Satzes der Tb-Tabelle im Puffer. Diesen in txtKNr.Text zuweisen, also auf der Form anzeigen.

(3) Ein Nullwert würde einen Fehler beinhalten. Alternative: Leerstring speichern oder Eingabezwang vorsehen.

(4) Den Inhalt von Feld Tb!KTyp (z.B. 1) als Index des Optionsfeld-Arrays optKTyp verwenden und dieses Element (also KTyp(1)) auf True setzen.

```
Private Sub befLast_Click()          'von Form KTABELL3.FRM
  Tb.MoveLast                        'Den letzten Satz aktivieren
  PufferInForm                       'Diesen Satz auf der Form anzeigen
End Sub
```

Eigenschaft Tb.EOF: EOF (für End Of File) wird True, wenn der Satzzeiger hinter den letzten Satz bewegt wird.

```
Private Sub befVor_Click()           'von Form KTABELL3.FRM
  Tb.MoveNext
  If Tb.EOF Then Tb.MoveLast         'Den letzten Satz anzeigen
  Puffer InForm
End Sub
```

Eigenschaft Tb.BOF: BOF (für Begin Of File) wird True, wenn MovePrevious den Zeiger vor den ersten Satz gesetzt oder wenn eine leere Tabelle geöffnet wird.

```
Private Sub befZurück_Click()        'von Form KTABELL3.FRM
  Tb.MovePrevious
  If Tb.BOF Then Tb.MoveFirst        'Den ersten Satz anzeigen
  PufferInForm
End Sub
```

Schreibweisen zum Zugriff auf ein Feld im aktiven Satz

Die Menge aller Field-Objekte eines Satzes der Tabelle wird als Fields-Auflistung bezeichnet. Es gibt mehrere Möglichkeiten, um auf die Value-Eigenschaft eines Feldes innerhalb der Auflistung zuzugreifen. Eine Kurzschreibweise ergibt sich, wenn man die Standardeigenschaften (Defaults) wegläßt. Beispiel zum KName-Feld:

```
txtKName.Text = Tb.Fields(1).Value     '2. Wert der Fields-Auflistung
txtKName.Text = Tb.Fields(1)           'Value = Standardeigenschaft

txtKName.Text = Tb.1                    'Fields = Standardaufzählung
txtKName.Text = Tb.n                    'Feld n = 0,1,2,3,...

txtKName.Text = Tb.Fields("KName").Value 'Bezug auf Name
txtKName.Text = Tb.Fields("KName")      'Ohne Standardeigenschaft

txtKName.Text = Tb!KName                'Lesen kurz mit Operator !
Tb!KName = txtKName.Text                'Schreiben kurz
```

Einen bestimmten Satz anzeigen über eine Suchschleife

Gemäß Bild 5-6 "Schönfeld GmbH" als Suchbegriff in txtNameSuch eingeben, befSuchen_Click aufrufen, um über eine While-Schleife die Tabelle Satz für Satz zu lesen (Tb.MoveNext) und vergleichen, solange nicht das Dateiende erreicht oder der Satz gefunden ist.

```
Private Sub befSuchen_Click()                        'von Form KTABELL3.FRM
  Dim KNameSuch As String, Gefunden As Boolean
  Gefunden = False :   KNameSuch = Trim(txtKNameSuch.Text)
  Tb.MoveFirst                                       '(1) 1. Satz aktivieren
  Do While Not (Tb.EOF Or Gefunden)                  'Abweisende Schleife
    If Tb!KName = KNameSuch Then
      Gefunden = True                                '(2) Satz gefunden
    Else
      Tb.MoveNext                                    '(3) Satz nicht gefunden
    End If
  Loop
  If Gefunden Then
    PufferInForm                                     'Satz anzeigen
  Else
    MsgBox KNameSuch + " nicht gefunden"             'Fehlanzeige melden
  End If
End Sub
```

(1) Sicherstellen, daß vom ersten Satz an gesucht wird.

(2) Suchschleife vorzeitig verlassen, wenn Satz gefunden.

(3) Den nächsten Satz lesen, wenn Satz (noch) nicht gefunden ist.

Name:	Eigenschaftswerte und Prozeduraufrufe:	Ereignis:
Form1	Name=frmKTabell3, Caption="Kunden."	Load
txtKNr	Name=txtKNr	Change
txtKName	Text=""	Change
txtKUmsatz	Text=""	Change
txtKTyp	Text=""	Change
optKTyp(i)	Caption="Kundentyp", Index=0,1,2	Click
txtKNameSuch	Text=""	
befÖffnen	Caption="Öffnen"	Click
befSchließen	Caption="Schließen"	Click
befFirst	Caption="|<", *Aufruf Sub PufferInForm*	Click
befLast	Caption=">|", *Sub PufferInForm*	Click
befVor	Caption=">", *Sub PufferInForm*	Click
befZurück	Caption="<", *Sub PufferInForm*	Click
befHinzufügen	Caption="Hinzufügen"	Click
befLöschen	Caption="Löschen"	Click
befÄndern	Caption="Ändern", *Sub PufferInForm,* *Function SatzInFormOK*	Click
befSuchen	Caption="Suchen", *Sub PufferInForm*	
befBeenden	Caption="Beenden"	Click

Bild 5-7: Objektetabelle zu Form KTABELL3.FRM von Projekt KDATEN.VBP

5.2.3 Datenmanipulation "Ändern eines Satzes"

Die Felder des aktiven Satzes werden in den Textfeldern txtKNr, txt-KName, txtKUmsatz und im Optionsfeld optKTyp auf der Form angezeigt und geändert. Nun sollen die Felder validiert und dann in den Puffer (Edit-Methode und FormInPuffer-Prozedur) bzw. in die Tabelle (Update-Methode) kopiert werden.

```
Private Sub befÄndern_Click()         'von Form KTABELL3.FRM
  On Error GoTo FehlerBeimSpeichern
  If Not SatzGeändert Then            'Kein Speichern erforderlich
    MsgBox "Der aktive Satz ist bereits gespeichert"
  Else
    If SatzInFormOK Then              'Siehe unten "Validierung"
      Screen.MousePointer = 11        'Sanduhr beim Speichern zeigen
      If Tb.EditMode = 2 Then          'identisch EditMode=dbEditAdd
        MsgBox "Der neue Satz wird anhängt"
      Else
        Tb.Edit                       '(1) Editieren im Puffer freigeben
        MsgBox "Der aktive Satz wird aktualisiert"
      End If
      FormInPuffer                    '(2) Satz aus Form in Puffer
      Tb.Update                       '(3) Puffer in Tabelle sichern
      SatzGeändert = False            'Nun ist alles gesichert
      Screen.MousePointer = 0         'Sanduhr wieder abstellen
    End If
  End If
  Exit Sub
FehlerBeimSpeichern:
  MsgBox "Speichern unmöglich, da: " & Err.Description
End Sub
```

(1) Die Edit-Methode versetzt die Tabelle in den Editieren-Status. Nun lassen sich die Felder des aktiven Satzes im Puffer ändern (Bild 5-8).

(2) Über die benutzerdefinierte Prozedur FormInPuffer die Inhalte der Textfelder (siehe Bild 5-6) in den Puffer übernehmen.

(3) Die Update-Methode kopiert den aktiven Satz vom RAM-Puffer in die Tabelle.

```
Public Sub FormInPuffer()             'Gegenstück zu PufferInForm
  Dim i As Integer
  Tb!KNr = Left(txtKNr.Text, 4)        '(1) KNr vier Zeichen lang
  Tb!KName = Trim(txtKName.Text)       'Leerstellen weglassen
  Tb!KUmsatz = CSng(txtKUmsatz.Text)   'String in Single umwandeln
  For i = 0 To 2
    If optKTyp(i) Then Tb!KTyp = i     '(2) Index 0,1,2 als KTyp
  Next i
End Sub
```

(1) Steuerelement-Inhalte der Form in Satzpuffer kopieren.

(2) Den Kundentyp wird über den Optionsfelder-Array auf der Form anzeigen (Bild 5-6). Über die Zählerschleife wird der Index der gesetzten Option im Feld KTyp gespeichert. Zwei identische Boolean-Auswahlen:

```
If optKTyp(i) = True Then          If optKTyp(i) Then
  Tb!KTyp = i                        Tb!KTyp = i
End If                              End If
```

SatzGeändert als Flag setzen: Jede Änderung in einem Feld des aktiven Satzes wird im SatzGeändert-Flag notiert, um dann in befÄndern_Click (siehe oben) und befSchließen_Click abgefragt zu werden.

```
Private Sub optKTyp_Click(Index As Integer)
  txtKTyp.Text = Str(Index)          'Option-Index in Textvariable
  SatzGeändert = True                'Flag setzen
End Sub
Private Sub txtKName_Change()         'Wurde der Kundenname geändert?
  SatzGeändert = True
End Sub
Private Sub txtKNr_Change()           'Kundennummer geändert?
  SatzGeändert = True
End Sub
```

Die Ereignisprozeduren txtKTyp_Change und txtKUmsatz_Click entsprechend codieren.

Validierung über Benutzerfunktion SatzInForm() vornehmen

Bei Verwendung des Datensteuerelements kann der Code zur Validierung in die Validate-Ereignisprozedur gesetzt werden. Bei direkter Programmierung wird hier eine Funktion SatzInFormOK codiert, um diese in der Prozedur befÄndern_Click (siehe oben) aufzurufen.

```
Public Function SatzInFormOK() As Boolean     '(1) in KTABELL3.FRM
  Dim Info As String
  Info = ""                                   'Annahme fehlerfrei
  If txtKNr.Text = "" Or Len(txtKNr) <> 4 Then 'KNr falsch eingegeben
    Info = "Kundennummer vierstellig"
    txtKNr.SetFocus                           'Zwecks Eingabe
  ElseIf txtKName.Text = "" Then
    Info = "Kundenname": txtKName.SetFocus
  ElseIf Not IsNumeric(txtKUmsatz.Text) Then  'Umsatz als Zahl?
    Info = "Umsatz": txtKUmsatz.SetFocus
  End If
  If Info = "" Then                           'War alles OK?
    SatzInFormOK = True                       '(2) Funktionsergebnis
  Else
```

```
      MsgBox "Bitte eingeben: " + Info
      SatzInFormOK = False                                'Funktionsergebnis
   End If
End Function
```

(1) Die Funktion im Allgemeinteil der Form deklarieren. VB schlägt Public
    vor, um die Funktion in allen Formen des Projekts (öffentlich) bekannt
    zu machen.

(2) SatzInFormOK ist eine Boolean-Funktion. Deshalb True bzw. False als
    Funktionswert bzw. Ergebnis dem Funktionsnamen zuweisen.

5.2.4 Datenmanipulation "Hinzufügen eines Satzes"

befHinzufügen_Click aufrufen, um mittels AddNew-Methode einen
Leersatz anzuhängen, diesen auf der Form editieren und abschließend
befÄndern_Click aufrufen, um den Satz mittels Update-Methode in
der Tabelle zu sichern.

```
Private Sub befHinzufügen_Click()           'von Form KTABELL3.FRM
   Tb.AddNew                                '(1) Neuen Satz anhängen
   txtKNr.Text = "": txtKName.Text = ""
   txtKUmsatz.Text = "0.00"                 '(2) Eingabe vorbereiten
   optKTyp(0) = True
   Tb.MoveLast                              '(3) Nächthöhere KundenNr
   txtKNr.Text = Tb!KNr + 1
End Sub
```

(1) AddNew-Methode: Den Satzzeiger hinter den letzten Satz setzen und
    einen neuen, leerenSatz im Puffer anhängen. Die Tabelle in den Einfü-
    gen-Zustand (Bild 5-8) bringen.

(2) Die Textfelder auf der Form leer anzeigen und die erste Option setzen.

(3) Den letzten Satz lesen und dessen KNr um 1 erhöht übernehmen.

5.2.5 Datenmanipulation "Löschen des aktiven Satzes"

```
Private Sub befLöschen_Click()                    'von KTABELL3.FRM
   Dim Antwort As Integer
   If Not (Tb.EOF Or Tb.BOF) Then                 'Ist ein Satz aktiv?
     Antwort = MsgBox("Aktiven Satz löschen?", 4) 'Frage
     If Antwort = 6 Then                          'Ja-Löschbestätigung
       Tb.Delete                                  '(1) Satz entfernen
       befFirst_Click                             '(2) Zum 1. Satz
     End If
   End If
End Sub
```

(1) Die Delete-Methode löscht den aktiven Satz aus der Tabelle und läßt den Satzzeiger unverändert auf diesen Satz zeigen. Der Satz bleibt also aktiv, aber der Zugriff auf ihn ist gesperrt. Deshalb den Satzzeiger anschließend mit Move...-Methoden setzen bzw. mit einer Refresh-Methode die Ausgabe neu aufbauen.

(2) Hier programmiert: Zum ersten Satz wechseln.

Datensatz in Recordset (Disk), Puffer (RAM) bzw. Control (Form)

Referenziert die Objektvariable Tb ein Recordset-Objekt mit mehreren Datensätzen, geben die Methoden *Tb.AddNew, Tb.Edit, Tb.Update* und *Tb.Delete* Zugriff auf den gerade aktiven Satz.

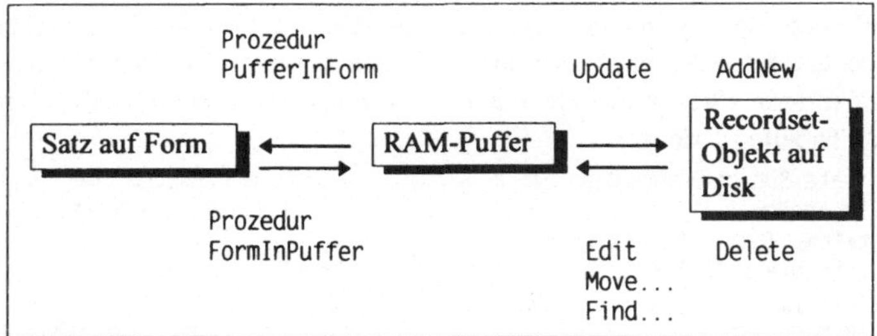

Bild 5-8: Satz aktivieren über DAO-Methoden AddNew, Edit, Update und Delete

- Die Move...-Methoden MoveNext, MovePrevious, MoveLast bzw. MoveFirst aktivieren den nächsten, vorhergehenden, letzten bzw. ersten Satz. Entsprechendes gilt für die Find...-Methoden.

- Die AddNew-Methode hängt einen neuen Satz an das Recordset-Objekt und setzt die Felder im RAM-Puffer auf Null bzw. Standardwerte.

- Die Edit-Methode gibt den aktiven Satz zur Bearbeitung frei.

- Die Update-Methode kopiert den aktiven Satz aus dem Puffer in die Tabelle (Recordset-Objekt vom Typ Tabelle bzw. Dynaset).

- Die Delete-Methode entfernt den aktiven Satz aus dem Recordset-Objekt und sperrt den Zugriff auf diesen Satz (Satzzeiger bleibt unverändert).

Der Inhalt des Puffers im RAM geht verloren, wenn ...

- Edit bzw. AddNew nicht durch Update abgeschlossen wird, sondern ein anderer Satz aktiviert oder erneut Edit bzw. AddNew aufgerufen wird.

- Über die Bookmark-Eigenschaft zu einem anderen Satz gegangen wird.

- Mit Close die Tabelle bzw. Datenbank geschlossen wird.

5.3 Kombinierter Zugriff auf den Recordset
5.3.1 Datensteuerelement und Objektvariable Tb

Problemstellung zu Form KTABELL4.FRM: Die beiden Zugriffsmöglichkeiten auf die Datensätze einer Tabelle kombinieren, also in einer Form gemeinsam verwenden.

- "DB-gebundene Steuerelemente": Datensteuerelement Data1 in Bild 5-9 oben; siehe Kapitel 5.1.
- "Direkte Programmierung": Ereignisprozeduren in Bild 5-9 unten; siehe Kapitel 5.2.

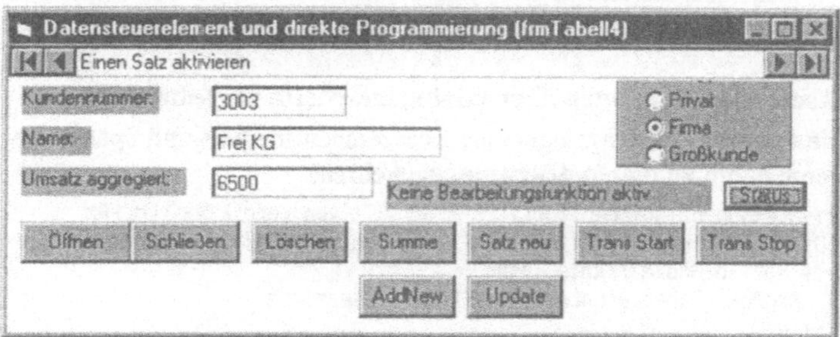

Bild 5-9: Form KTABELL4.FRM von Projekt KDATEN.VBP zur Entwurfszeit

Tb und Data1 auf das gleiche Objekt zeigen lassen (Schritt 1)

```
'Form KTABELL4.FRM                              'von Projekt KDATEN.VBP
Private Ws As Workspace                         '(1) Arbeitsbereich
Private Tb As Recordset                         'Tabellenobjekt

Private Sub befÖffnen_Click()                   'von Form KTABELL4.FRM
  Set Ws = DBEngine.Workspaces(0)               'Für Transaktion
  Data1.DatabaseName = "C:\VBBAS\FIRMA.MDB"     'Datenbank
  Data1.RecordSource = "Kunden"                 'Tabelle
  Data1.BOFAction = 0                           'MoveFirst belassen
  Data1.EOFAction = 0                           'MoveLast belassen
  Data1.Refresh                                 '(2) Ausgabe aufbauen
  Set Tb = Data1.Recordset                      '(3) Objektvariable
  If Tb.BOF And Tb.EOF Then                      'Kein Satz aktiv?
    MsgBox "Leere Tabelle (Satzanzahl 0)"
  End If
End Sub
Private Sub befSchließen_Click()
  Tb.Close                                       '(4) Tb abstellen
End Sub
```

(1) Im Workspace-Objekt verwaltet VB Datenbanken, Benutzer und Transaktionen. Ws wird für Transaktionen benötigt (siehe Kapitel 5.3.2).

(2) Beim Öffnen der DB über Data1 erstellt VB ein Recordset-Objekt auf Grundlage der RecordSource-Eigenschaft, also der KUNDEN-Tabelle.

(3) Mit der Set-Anweisung wird dieses KUNDEN-Objekt des Datensteuerelements der Objektvariablen Tb zugewiesen. Tb verweist also auf das gleiche Recordset-Objekt, auf die KUNDEN-Tabelle. Ab jetzt lassen sich alle Recordset-Eigenschaften und -Methoden auf Data1.Recordset wie auch Tb aufrufen. Zwei identische Aufrufe der AddNew-Methode:

```
         Data1.Recordset.AddNew                        Tb.AddNew
```

(4) Tb.Close schließt die KUNDEN-Tabelle, die Variable Tb verweist also nicht mehr auf die Tabelle. Versucht man, über Data1 zum nächsten Satz zu wechseln, erscheint die Meldung "Das Objekt ist nicht mehr gültig".

Lesezeichen verwalten über Bookmark-Methode (Schritt 2)

Die Position des Satzzeigers als Lesezeichen merken und später verwenden, um zu diesem Satz zurückzukehren.

```
Private Sub befSumme_Click()                    'von Form KTABELL4.FRM
  Dim S As Single, AktiverSatz As String, n,Anzahl As Integer
  If Not Tb.Bookmarkable Then
    MsgBox "Tabelle unterstützt keine Lesezeichen"
  Else
    AktiverSatz = Tb.Bookmark                   '(1) Satz merken
    Tb.MoveLast: Anzahl = Tb.RecordCount  'Datensatzanzahl?
    Tb.MoveFirst
    n = 0: S = 0
    Do While n < Anzahl                         'vom ersten zum letzten Satz
      MsgBox Str(S)                             '(2) Zwischensummen anzeigen
      n = n + 1:  S = S + Tb!KUmsatz
      If n < Anzahl Then Tb.MoveNext            '(3) Nicht auf EOF setzen
    Loop
    MsgBox "Summe der Umsätze: " & S            '(4) Letzter Satz ist aktiv
    Tb.Bookmark = AktiverSatz                   '(5) Alten Satz anzeigen
  End If
End Sub
```

(1) **Tb.Bookmark** speichert einen Zeiger auf den aktiven Satz.

(2) Die Umsätze aller Kundenumsätze summieren. Dabei erscheint in den DB-gebundenen Steuerelementen der jeweils nächste Satz.

(3) MoveNext nur bis zum Erreichen des letzten Satzes aufrufen. Würde man mit MoveNext den Satzzeiger über den letzten Satz auf EOF bewegen, verliert Bookmark den Verweis auf den bisherigen Satz.

(4) Nach Beenden der Leseschleife ist der letzte Satz aktiv.

(5) **Tb.Bookmark** aktiviert wieder den vor der Leseschleife aktiven Satz.

Einen neuen Satz speichern mit Eingabezwang (Schritt 3)

```
Private Sub befSatzNeu_Click()                    'von Form KTABELL4.FRM
  Dim Wahl As String * 1, KNr As String * 4
  Dim KNrVorhanden As Boolean
  Data1.Refresh
  Do
    KNr = InputBox("Neue Kundennummer?")          '(1) Eingabezwang
    Tb.MoveFirst:  KNrVorhanden = False
    Do
      KNrVorhanden = KNr = Tb!KNr
      Tb.MoveNext
    Loop Until Tb.EOF Or KNrVorhanden             'Neuartige Nummer?
  Loop Until Not KNrVorhanden
  Data1.Refresh                                   'Anzeige aufbauen
  Tb.AddNew                                        'Leersatz anhängen
  Tb!KNr = KNr: Tb!KUmsatz = 0#                    'Felder füllen
  Tb.Update                                        '(2) Sichern
  Data1.Recordset.MoveLast                         'Letzter Satz
End Sub
```

(1) Wiederholt zur Eingabe einer Kundennummer zwingen, bis eine neue Nummer vorliegt (KNr als Schlüsselfeld muß einmalig in Tabelle sein).

(2) Update sichert den neuen Satz in der KUNDEN-Tabelle.

Die Funktionalität des Datensteuerelements ergänzen (Schritt 4)

Data1 unterstützt die Datenmanipulationen *Anzeigen, Hinzufügen* (über EOFAction=2) und *Ändern*. Diese Funktionalität läßt sich über direkte Programmierung beliebig erweitern. Das Hinzufügen abstellen (Data1.EOFAction=0) und über befAddNew_Click codieren:

```
Private Sub befAddNew_Click()
  If Tb.EditMode = dbEditNone Then     'EditMode siehe unten Punkt 4.
    Tb.AddNew                          'Neuen Satz anhängen
    txtKNr.SetFocus                    'Focus setzen
  End If
End Sub
```

Data1 ruft die Update-Methode aus, sobald man den aktiven Satz wechselt. Die Prozedur befUpdate_Click erzwingt das Überschreiben:

```
Private Sub befUpdate_Click()              'von KTABELL4.FRM
  If Tb.EditMode <> dbEditNone Then        'AddNew oder Edit aufgerufen?
    If IsNumeric(txtKNr.Text) And txtKName.Text <> "" Then
      Tb.Update                            'Überschreiben aktiver satz
    End If
  End If
End Sub
```

Editierstatus über EditMode-Eigenschaft kontrollieren (Schritt 5)

Drei Werte von Data1.Recordset.EditMode bzw. Tb.EditMode sind *dbEditNone* (keine Bearbeitung), *dbEditInProgress* (Edit-Methode aufgerufen) bzw. *dbEditAdd* (AddNew-Methode aufgerufen).

```
Private Sub befStatus_Click()                        'von KTABELL4.FRM
  If Tb.EditMode = dbEditNone Then                   '(1) nichts
    bezStatus = "Keine Bearbeitungsfunktion aktiv"
  ElseIf Tb.EditMode = dbEditInProgress Then         '(2) Edit
    bezStatus = "Edit wurde aufgerufen"
  ElseIf Tb.EditMode = dbEditAdd Then                '(3) AddNew?
    bezStatus = "AddNew wurde aufgerufen"
  End If
End Sub
```

(1) Es wurde weder Edit noch AddNew aufgerufen.

(2) Die Edit-Methode wurde aufgerufen; der aktive Satz befindet sich im Puffer und kann dort verändert werden.

(3) Wie (2), aber zum Edit-Modus über die AddNew-Methode gewechselt.

5.3.2 Transaktionsverarbeitung im Workspace-Objekt

Eine Transaktion ist eine Folge von Anweisungen mit Datenbankzugriff, die sich (ähnlich einer Undo-Funktion) rückgängig machen läßt.

```
Private Sub befTransStart_Click()                    'von KTABELL5.FRM
  BeginTrans                                         '(1) oder Ws.BeginTrans
End Sub
Private Sub befTransStop_Click()
  If MsgBox("Änderungen übernehmen?", 36, "Achtung") = 6 Then
    CommitTrans                                      '(2)
  Else
    Rollback                                         '(3) oder Ws.Rollback
    Tb.MoveFirst
  End If
End Sub
```

(1) Die **BeginTrans-Methode** startet eine Transaktion.

(2) Die **Commit-Methode** überträgt alle Anweisungen der aktiven Transaktion auf die Datenbank.

(3) Die **Rollback-Methode** macht alle seit dem letzten BeginTrans an der Datenbank vorgenommenen Änderungen rückgängig.

BeginTrans, Commit und Rollback sind Methoden im Workspace-Objekt. Da VB Workspaces(0) als Standard-Arbeitsbereich verwendet (siehe Bild 5-11), kann man den Verweis auf die Objektvariable Ws auch weglassen: *Ws.BeginTrans* und *BeginTrans* sind identisch.

Zumeist setzt man Rollback in eine Fehlerbehandlungsroutine, um die Transaktion im Fehlerfall automatisch zurückzusetzen (Bild 5-10).

```
Sub TransaktionsverarbeitungZweierTabellen_Click
  Private Es As Workspace, Db As Database    'Deklarieren
  Private Tb As Recordset, TbR As Recordset

  Set Ws = DBEngine.Workspaces(0)            'Öffnen
  Set Db = CurrentDB()
  Set Tb = Db.OpenRecordset("Kunden")
  Set TbA = Db.OpenRecordset("Artikel")
  On Error GoTo TransaktionFehler            'Fehlerbehandlung

  Ws.BeginTrans                   'Beginn Transaktion
  Tb.AddNew
  Tb. ...
  TbA.Edit
  TbA. ...
  Ws.CommitTrans                  'Entweder: Beenden Transaktion
  Tb.Close: TbA.Close: Ws.Close

TransaktionFehler:
  MsgBox Err.Nr & " " & Err.Description
  Ws.Rollback                     'Oder: Zurücksetzen Transaktion
  Tb.Close: TbA.Close: Ws.Close
Exit Sub
```

Bild 5-10: Typischer Ablauf einer Transaktionsverarbeitung mit Fehlerbehandlung

Die vier ACID-Grundregeln gelten für jede Tansaktion

- **Atomicity:** Transaktion als elementare, unteilbare Anweisungseinheit.
- **Consistency:** Nach Durchführung der Transaktion muß das System wieder in einen konsistenten Zustand überführt werden.
- **Isolation:** Bis zu fünf Transaktionen lassen sich schachteln.
- **Durability:** Die durch eine Transaktion an der Datenbank vorgenommenen Änderungen sind dauerhaft.

5.3.3 Hierarchie der Data Access Objects (DAO)

Oberstes Datenzugriffsobjekt ist DBEngine, von dem alle anderen Objekte abgeleitet sind (siehe Bild 5-11). Im Gegensatz zur DBEngine sind die abgeleiteten Objekt als Auflistungen organisiert, also als Sammlungen (Collections) von Objekten. Beispiel:

- Recordset (im Singular) benennt ein bestimmtes Recordset-Objekt.
- Recordsets (im Plural) benennt eine Auflistung von Recordset-Objekten, wobei Recordsets(0) das erste Objekt der Auflistung angibt.

```
DBEngine                        Datenbankmaschine als Basisobjekt
   Workspace                    Arbeitsbereich-Objekt
     Database                   Geöffnete Datenbank
       TableDef                 Tabellendefinitionen der Datenbank
         Index, Field
         Field                  Feldeigenschaften
       QueryDef                 Abfragen der Datenbank
         Parameter, Field
       Recordset                Tabellen der Datenbank
         Field
       Relation                 Beziehungen zwischen Tabellen
         Field
       Container                Weitere Objekte
         Document
     User                       Zugriffsrechte, Datensicherheit
       Group
   Error                        Fehlerverwaltung
```

Bild 5-11: DAO-Hierarchie "DBEngine - Workspace - Database - Recordset - Field"

In einem Workspace können mehrere Datenbanken geöffnet sein

Die Databases-Auflistung verwaltet die Datenbanken. Dabei erreicht

```
DBEngine.Workspaces(0).Databases(0)
```

die erste bzw. aktive DB. Die Funktion OpenDatabase() öffnet eine DB mit den Auflistungen ihrer Tabellen, Abfragen, Felder usw. Dabei ist Workspaces(0) voreingestellt und kann deshalb auch entfallen.

```
Set Datenbank = [Ws.]OpenDatabase(DBName[Exklusiv[,ReadOnly]])
Set Db = DBEngine.Workspaces(0).OpenDatabase("C:\FI.MDB") 'Beispiel
Set Db = OpenDatabase("C:\FI.MDB")                        'identisch
Set Db = OpenDatabase("C:\FI.MDB",, True)    'Nur-Lese-Zugriff
Set Db = OpenDatabase("C:\FI.MDB",, False)   'Schreiben/Lesen
Set Db = OpenDatabase("C:\FI.MDB", False, False) 'Mehrere Benutzer
```

Bild 5-12: Funktion OpenDatabase() zum Öffnen eines Datenbank-Objekts

Problemstellung zu Form DBSTRUK.FRM: Die Struktur einer Datenbank (Database-Objekt) wird durch ihre Eigenschaften und die Eigenschaften der abgeleiteten Objekte bzw. Auflistungen (TableDef, Fields, Indexes, Relations, Properties) definiert. Diese Eigenschaften werden über das Textfeld txtAusgabe sichtbar gemacht. In Bild 5-13 wurde befTableDefs_Click aufgerufen, um die Eigenschaften der TableDefs-Auflistung bzw. der KUNDEN-Tabelle anzuzeigen.

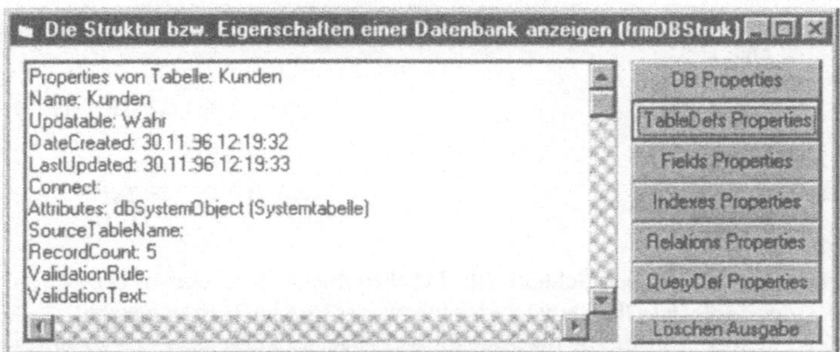

Bild 5-13: Ausführung zu Form DBSTRUK.FRM (Struktur der KUNDEN-Tabelle)

```
'Form DBSTRUK.FRM                            'von Projekt KDATEN.VBP
Private Ws As Workspace, Db As Database, tdf As TableDef
Private fld As Field, idx As Index, qry As QueryDef
Private prp As Property                      'Sieben Objektvariablen
Private T As String,                         'Textausgabe
Private NZ As String * 2                     'Neue Zeile

Private Sub Form_Load()
  Set Ws = DBEngine.Workspaces(0)
  Set Db = Ws.OpenDatabase("C:\VBBAS\FIRMA.MDB")
  NZ = Chr(13) + Chr(10)                      'Neue Zeile definieren
End Sub
```

TableDefs-Auflistung mit Definition (Struktur) der Tabellen

```
Private Sub befTableDefs_Click()             'von DBSTRUK.FRM
  On Error GoTo Fehler
  T = ""
  For Each tdf In Db.TableDefs               '(1) Alle Tabellendef.
    T = T + "Properties von Tabelle: " & tdf.Name & NZ
    For Each prp In tdf.Properties           '(2) Alle Eigenschaften
      T = T & prp.Name & ": "
      If prp.Name <> "Attributes" Then
        T = T & prp.Value & NZ               '(3) Name und Wert
      Else
        If dbSystemObject Then               '(4) Tabellenattribute
          T = T + "dbSystemObject (Systemtabelle)" & NZ
        ElseIf dbAttachedTable Then
          T = T + "dbAttachedTable (eingebunden)" & NZ
        ElseIf dbHiddenObject Then
          T = T + "dbHiddenObject (verborgen)" & NZ
        Else
          T = T + NZ
```

```
        End If
      End If
    Next
    T = T + NZ                              'Leerzeile nächste Tabelle
  Next
  txtAusgabe = T
Fehler:                                     '(5) Fehler übergehen
  Resume Next
End Sub
```

(1) In einer *For Each*-Schleife alle Tabellenobjekte durchlaufen. Die Anzahl der TableDef-Objekte ist variabel bzw. zur Entwurfszeit unbekannt.

(2) Für jede Tabelle tdf die zugehörigen Eigenschaften aus der Properties-Auflistung auslesen und über die Objektvariable prp anzeigen. Jedes DAO-Objekt besitzt eine Properties-Auflistung, in der alle Eigenschaften verwaltet werden. Ein Property-Objekt besitzt die Eigenschaften Name, Value, Type (Datentyp) und Inherited (wurde die Eigenschaft von einem anderen Objekt geerbt?)

(3) Jeweils die Eigenschaften Name und Value anzeigen.

(4) Ausnahme Attributes-Eigenschaft des TableDef-Objektes: Hier die Attributkonstanten abfragen bzw. ausgeben:

```
dbSystemObject  Systemtabelle      dbAttachedODBC     ODBC-Tabelle
dbHiddenObject  ausgeblendet       dbAttachedSavePWD  Mit Paßwort
dbAttachedTable Eingebunden        dbAttachExclusive  Exklusiv
```

(5) Fehler übergehen, wenn bestimmte Eigenschaften von Systemtabellen mit normaler Berechtigung nicht gelesen werden dürfen.

Databases-Auflistung mit Definition (Struktur) der Datenbanken

Die Prozedur befDB_Click nimmt auf die Datenbank FIRMA.MDB Bezug, auf die die Objektvariable Db zeigt (siehe Form_Load):

```
Private Sub befDB_Click()
  For Each prp In Db.Properties
    T = T + prp.Name & ": " & prp.Value & NZ
  Next
  txtAusgabe = T
End Sub
```

Ausführungsbeispiel zu Prozedur befDB_Click mit 7 Eigenschaften:

```
Name: C:\VBBAS\FIRMA.MDB
Connect:                        'z.B. Access
Transactions: Wahr              'Transaktionen also zugelassen
Updatable: Wahr
CollatingOrder: 1033
QueryTimeout: 60
Version: 2.0
```

Workspaces-Auflistung mit Struktur der Arbeitsbereiche

Normalerweise wird nur der Standard-Arbeitsbereich Workspaces(0) genutzt. Die folgende Prozedur zeigt hierzu drei Eigenschaften an:

```
Private Sub Form_DblClick()               'von DBSTRUK.FRM
  On Error GoTo Fehler
  T = ""
  For Each Ws In DBEngine.Workspaces       'Nur einmal durchlaufen
    For Each prp In Ws.Properties          'Dreimal durchlaufen
      T = T + prp.Name & ": " & prp.Value & NZ
    Next
  Next
  txtAusgabe = T
Fehler: Resume Next                        'Lesefehler ignorieren
End Sub
```

Ausführungsbeispiel zu Ereignisprozedur Form_DblClick:

```
Name: #Default Workspace#                 'Ausführungsbeispiel
UserName: Admin                           'Standardname
IsolateODBCTrans: 0
```

Fields-Auflistung mit Definition (Struktur) der Felder

Die Felder einer Tabelle werden mithilfe von Field-Objekten einer Fields-Auflistung beschrieben (siehe Bild 5-11). VB verwaltet Fields-Auflistungen für TableDesf, Recordsets, Indizes und Relations.

```
Private Sub befFields_Click()             'von Form DVSTRUK.FRM
  T = ""
  For Each tdf In Db.TableDefs             'Alle Tabellen durchgehen
    T = T & "Fields von Tabelle: " & tdf.Name & NZ
    If Left(tdf.Name, 4) <> "MSys" Then    'hierfür keine Berechtigung
      For Each fld In tdf.Fields           'Alle Felder einer Tabelle
        T = T & fld.Name & NZ
        T = T & "Typ="
        If fld.Type = dbText Then          '(1) Datentyp des Feldes
          T = T & "String variabler Länge"
        ElseIf fld.Type = dbSingle Then
          T = T & "Single"
        ElseIf fld.Type = dbInteger Then
          T = T + "Integer"
        Else
          T = T & fld.Type
        End If
        T = T & " Size=" & fld.Size
```

```
            T = T & " AllowZeroLength=" & fld.AllowZeroLength & NZ
            T = T & "Attributes=" & fld.Attributes      '(2) Feldattribute
            T = T & " Required=" & fld.Required
            T = T & " CollatingOrder=" & fld.CollatingOrder & NZ
            T = T & "OrdinalPosition=" & fld.OrdinalPosition
            T = T & " DefaultValue=" & fld.DefaultValue
            T = T & " ValidationRule=" & fld.ValidationRule & NZ
            T = T & "ValidationText=" & fld.ValidationText
            T = T & " SourceField=" & fld.SourceField
            T = T & " SourceTable=" & fld.SourceTable & NZ
        Next
      End If
      T = T & NZ
   Next
   txtAusgabe.Text = T
End Sub
```

(1) Konstanten für Datentypen der Felder: dbBoolean, dbByte, dbInteger,
dbLong, dbSingle, dbDouble, dbCurrency, dbDate, dbText, dbMemo,
dbLongBinary.

(2) Konstanten für Attribute der Felder: dbFixedField (1), dbVariableField
(2, siehe Ausführung), dbAutoIncrField (Autowert-Feld, z.B. Zähler),
dbUpdatableField (aktualisierbares Feld), dbDescending (Sortierfolge absteigend) und dbSystemField (Feld zur Replikation).

Ausführungsbeispiel zur Prozedur befFields_Click:

```
Fields von Tabelle: Kunden
KNr                                                        'erstes Feld
Typ=String variabler Länge Size=4 AllowZeroLength=Falsch
Attributes=2 Required=Falsch CollatingOrder=1033
OrdinalPosition=0 DefaultValue= ValidationRule=
ValidationText= SourceField=KNr SourceTable=Kunden
KName                                                      'zweites Feld
Typ=String variabler Länge Size=30 AllowZeroLength=Falsch
Attributes=2 Required=Falsch CollatingOrder=1033
OrdinalPosition=1 .......
'Felder KUmsatz und KTyp ....
```


Indexes-Auflistung mit Definition (Struktur) der Index-Objekte

Für ein TableDef-Objekt kann man Felder als Index anlegen, um
rasch in Sortierfolge auf einen Satz zugreifen zu können. Jedes Index-
Objekt besitzt eine Fields-Auflistung, in der die Felder angegeben
sind, aus denen der jeweilige Index gebildet wurde. Zu allen Tabellen
der Datenbank die definierten Indizes anzeigen (umseitig).

```
Private Sub befIndexes_Click()              'von Form DBSTRUK.FRM
  T = ""
  For Each tdf In Db.TableDefs              'Alle Tabellen durchgehen
    T = T & "Indexes von Tabelle: " & tdf.Name & NZ
    If Left(tdf.Name, 4) <> "MSys" Then     '(1)
      For Each idx In tdf.Indexes           '(2) Alle Index-Objekte
        T = T & "Indexname=" & idx.Name & NZ
        T = T & "Required=" & idx.Required
        T = T & " IgnoreNulls=" & idx.IgnoreNulls
        T = T & " Primary=" & idx.Primary & NZ
      Next
    End If
    T = T & NZ
  Next
  txtAusgabe.Text = T
End Sub
```

(1) Hierfür gibt VB keine Berechtigung.

(2) Weitere Eigenschaften für einen Index: Clustered, Unique, Foreign und
    Name über Fields-Auflistung.

QueryDefs-Auflistung mit Definition (Struktur) der Abfragen

Jede Abfrage der Datenbank wird als QueryDef-Objekt in der Query-
Defs-Auflistung verwaltet. Alle Abfragen mit Name und Abfragetyp:

```
Private Sub befQueryDef_Click()             'von Form DBSTRUK.FRM
  T = ""
  For Each qry In Db.QueryDefs              'Objektvariable qry
    T = T & "Name=" & qry.Name & " Type="
    If qry.Type = dbQSelect Then            'Abfragetypen siehe unten
      T = T & "Auswahlabfrage (dbQSelect)" & NZ
    Else
      T = T & qry.Type & NZ
    End If
  Next
  If T = "" Then T = "Keine Abfragen definiert"
  txtAusgabe.Text = T
End Sub
```

Konstanten für die Abfragetypen

dbQSelect Auswahl	dbQAction Aktionsabfrage
dbQDelete Löschabfrage	dbQUpdate Aktualisierungsabfrage
dbQAppend Anfügeabfrage	dbQMakeTable Tabellenerstellung
dbQDDL Datendefinition	dbQSQLPassThrough, sbQSetOperation

Verwendung in SQL-Abfragen siehe Kapitel 5.4.2.

Relations-Auflistung mit Definition (Struktur) der Beziehungen

Die Relationen zur Verknüpfung der Tabellen werden in der Relations-Auflistung verwaltet.

```
Private Sub befRelations_Click()              'von Form DBSTRUK.FRM
  Dim r As Integer, n As Integer
  T = ""
  For r = 0 To Db.Relations.Count - 1        'Alle Relationen
    T = T & "Name der Relation=" & Db.Relations(r).Name & NZ
    If Db.Relations(r).Attributes Then
      T = T & "Attributes="
      If dbRelationRight Then                 '(1) Relationsattribute
        T = T & "1:n rechts" & NZ
      ElseIf dbRelationLeft Then
        T = T & "1:n links" & NZ
      ElseIf dbRelationUnique Then
        T = T & "1:1" & NZ
      End If
    End If
    With Db.Relations(r)                       '(2)
      For n = 0 To .Fields.Count - 1
        T = T & "Table=" & .Table & " Name=" & .Fields(n).Name & " "
      Next n
      T = T & NZ & NZ
    End With
  Next r
  If T = "" Then T = "Keine Relationen definiert"
  txtAusgabe.Text = T
End Sub
```

(1) Weitere Konstanten für Relationsattribute: dsRelationDontEnforce (ohne
    referentielle Integrität), dnRelationInherited (Beziehung mit eingebun-
    denen Tabellen), dbRelationUpdateCascade (Aktualisierungsweitergabe)
    und dbRelationDeleteCascade (Löschweitergabe).

(2) Tabelle und Feldname der jeweiligen Verknüpfung.

5.4 SQL als Abfragesprache

SQL bzw. *Structured Query Language* ist die am weitesten verbreitete Abfragesprache. VB sieht zwei Möglichkeiten vor, um eine SQL-Anweisung in den Code einzubinden:

- SQL-Anweisungen für eine OpenRecordset-Methode als Quelle-Argument angeben.
- SQL-Anweisung für ein Datensteuerelement als RecordSource-Eigenschaft angeben.

5.4.1 Beliebige Abfragen testen

Problemstellung zu Form SQL.FRM: Im MultiLine-Textfeld eine beliebige SELECT-Abfrageanweisung eingeben (Bild 5-14 unten) und das Ergebnis der Abfrage über das Tabellenelement DBGrid1 anzeigen lassen (Bild 5-14 oben):

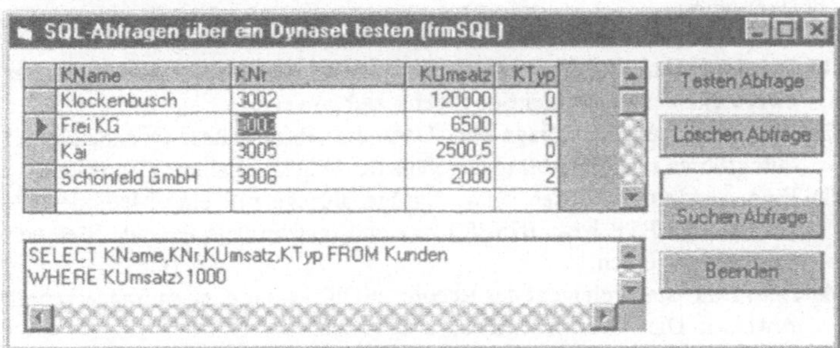

Bild 5-14: Ausführung zu Form SQL.FRM von Projekt KDATEN.VBP

```
'Form SQL.FRM                              'von KDATEN.VBP
Private Db As Database, Tb As Recordset    'zwei Objektvariablen
Private Sub Form_Load()
  'Data1.DatabaseName="C:\FIRMA.MDB" ist nicht erforderlich
  'DBGrid1.DataSource=Data1                 '(1) zur Entwurfszeit
  Data1.Visible = False                     'Data1 bindet DBGrid1
  Set Db = OpenDatabase("C:FIRMA.MDB")      '(2) Definition
  'Text1.MultiLine=True: Text1.Scrollbars = 3   (3) zur Entwurfszeit
End Sub
```

(1) Das Tabellen-Steuerelement DBGrid1 zur Entwurfszeit über die Data-Source-Eigenschaft über Data1 an C:\FIRMA.MDB anbinden.

(2) Objektvariable Db verweist auf die gleiche Datenbank C:\FIRMA.MDB.

(3) Text1 zur Entwurfszeit einrichten zur Eingabe des SQL-Abfragestrings.

```
Private Sub befTesten_Click()                    'von Form SQL.FRM
  Dim Sql As String, Abfrage As Boolean
  On Error GoTo Fehler
  Sql = UCase(Text1.Text)                        '(1) SQL-Abfragestring
  Abfrage = ("SELECT" = Left(Trim(Sql), 6)) And InStr(Sql," INTO ")=0
  If Abfrage Then                                '(2) Auswahlabfrage?
    Set Tb = Db.OpenRecordset(Text1.Text)        'SELECT ausführen
  Else
    Db.Execute (Text1.Text)                      '(3) Nicht nur Auswahl?
  End If
  If Tb.EOF And Tb.BOF Then                      'Abfragetabelle leer?
    MsgBox "Abfrageergebnis: Keine Datensätze gefunden"
  Else
    Set Data1.Recordset = Tb                     '(4) Data1 "füttern"
    Data1.Recordset.Requery                      '(5) DBGrid1 "füttern"
  End If
  Exit Sub
Fehler:                                          '(6) Nicht korrekt?
  MsgBox "SQL-Anweisung mit Fehler " & Error
  Resume Next
End Sub
```

(1) Den in Text1 eingegebenen SELECT-Befehl (der sich in Bild 5-14 über zwei Zeilen erstreckt) der Sql-Eigenschaft zuweisen.

(2) Liegt eine Auswahlabfrage vor? Dann die Abfrage über OpenRecordset durchführen und das Abfrageergebnis der Objektvariablen Tb zuweisen.

(3) Eine Änderungs-, Lösch- bzw. Anfügenabfrage ruft eine Methode UP-DATE, DELETE bzw. INSERT auf und muß mittels Execute-Methode aufgerufen werden.

(4) Dem Datensteuerelement das Recordset-Objekt mit dem Abfrageergebnis zuweisen. Dies ist erforderlich, ...

(5) .... damit die an Data1 angebundene Tabelle DBGrid1 das Abfrageergebnis automatisch anzeigen kann (siehe Bild 5-14). Die Requery-Methode aktualisiert die Abfrage durch erneutes Ausführen. Data1 selbst bleibt unsichtbar (siehe Form_Load oben).

(6) Ausnahmefallbehandlung: Konnte die Abfrage nicht ausgeführt werden?

Die Abfrage löschen bzw. das Abfrageobjekt schließen

```
Private Sub befLöschen_Click()                   'von Form SQL.FRM
  Text1.Text = ""                                'Multiline-Textfeld löschen
  txtSuch.Text = ""
  Text1.SetFocus                                 'Nun eine neue Abfrage eingeben
End Sub
Private Sub befBeenden_Click()
  Tb.Close: Db.Close: End                        'Tb verweist auf Abfrageergebnis
End Sub
```

Den SELECT-String zur Laufzeit zusammensetzen

Alle Datensätze der Kundentabelle anzeigen, die zum Beispiel mit dem Buchstaben "K" beginnen (siehe Bild 5-14).

```
Private Sub befSuchen_Click()          'von Form SQL.FRM
  Dim sSuch As String, sSql As String
  sSuch = txtSuch.Text                 '(1) Benutzereingabe
  sSql = "SELECT * FROM Kunden "       '(2) Abfragestring sSql addieren
  sSql = sSql + "WHERE KName LIKE '"  + sSuch + "*'"      '(3)
  Set Tb = Db.OpenRecordset(sSql)      'Die Abfrage ausführen
  Set Data1.Recordset = Tb             'Data1 füttern (für DBGrid1)
  Data1.Recordset.Requery              'Abfrageergebnis anzeigen
End Sub
```

(1) Den Suchbegriff aus dem Textfeld übernehmen.

(2) Innerhalb des SQL-Befehlsstrings ' ' oder " " paarweise verwenden. Zur Stringverkettung über "*"-Operator Leerzeichen beachten. Variablen wie hier sSuch müssen in Hochkomma ' ' gesetzt werden.

(3) Platzhalter bzw. Joker "?" für ein beliebiges Zeichen oder "*" für eine beliebige Zeichenfolge angeben. Hinweis: Der SQL-Standard sieht abweichend hiervon die Gruppenzeichen "_" bzw. "%" vor.

```
SELECT <Auswahl der Spalten>            Felder (Projektion)
  FROM <Tabelle> [,<Tabelle] ...]       Quelle der Daten
  [WHERE <Suchbedingung>]               Auswahl (Selektion)
  [ORDER BY <Sortierfolge>]             Folge ASC oder DESC
```

Die SQL-Anweisung in Data1.RecordSource direkt zuweisen

Der RecordSource-Eigenschaft eines Datensteuerelements kann entweder ein Tabellenname oder eine SQL-Anweisung übergeben werden. Die Kundentabelle nach dem Namen absteigend sortieren:

```
Data1.RecordSource = "SELECT * FROM Kunden.Dbf ORDER BY KName DESC"
```

5.4.2 Eine Abfrage als QueryDef-Objekt speichern

In Kapitel 5.4.1 wurde die Ergebnistabelle einer SQL-Abfrage temporär im RAM gespeichert: Den SQL-Abfragestring einer Methode Db.OpenRecordset oder der Eigenschaft Data1.RecordSource übergeben, um dynamisch ein Recordset-Objekt anzulegen. Nach Beenden der Ausführung geht das Objekt verloren.

Daneben gibt die Methode Db.CreateQueryDef die Möglichkeit, ein zusätzliches Abfrageobjekt zu erzeugen, um darin eine SQL-Abfrage dauerhaft in der Datenbank zu speichern (siehe Bild 5-15).

Problemstellung zu Form SQLOBJ.FRM: **Ein QueryDef-Objekt zur dauerhaften Speicherung der Abfrage (über Check1) erzeugen.**

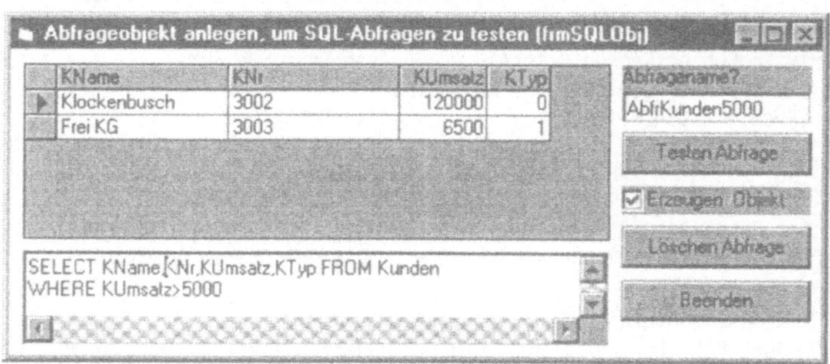

Bild 5-15: Ausführung zu Form SQLOBJ.FRM von Projekt KDATEN.VBP

```
Private Sub befTesten_Click()                   'von Form SQLOBJ.FRM
  On Error GoTo Fehler
  If Check1 = 1 Then                            '(1) Abfrageobjekt erzeugen?
    Set Qd = Db.CreateQueryDef(txtAbfragename.Text, Text1.Text)
  End If
  Set Tb = Db.OpenRecordset(txtAbfragename.Text, dbOpenDynaset) '(2)
  If Tb.EOF And Tb.BOF Then                     'Ergebnistabelle leer?
    MsgBox "Abfrageergebnis: Keine Datensätze gefunden"
  Else
    Set Data1.Recordset = Tb                    'Für DBGrid1 erforderlich
    Data1.Recordset.Requery                     'Anzeige neu aufbauen
  End If
  Exit Sub                                      'Prozedurende, falls OK
Fehler:
  If Err = 438 Then                             'Objektname nicht einmalig?
    MsgBox "Objekt " + txtAbfragename.Text + " existiert bereits"
  End If
  MsgBox "SQL-Anweisung mit Fehler " & Err.Err & " " & Err.Decription
  Resume Next
End Sub

Private Sub befLöschen_Click()                  'von Form SQLOBJ.FRM
  Db.DeleteQueryDef (txtAbfragename.Text)       '(3) Abfrageobjekt löschen
  ...                                           'weiter wie bei SQL.FRM
```

(1) CreateQueryDef-Methode erzeugt ein neues Objekt in der Datenbank DB, in dem die SELECT-Anweisung dauerhaft gespeichert ist. Qd ist als Variable vom Typ Recordset deklariert.

(2) OpenRecordset legt Tb auf Basis des Abfrageobjekts als dynamische Tabelle an, um darin das Abfrageergebnis bereitzustellen.

(3) DeleteQueryDef-Methode entfernt das Abfrageobjekt aus der Datenbank.

6 Komponentenprogrammierung

Zuladbare Komponenten als Steuerelemente in Form von OCX-Controls können unter VB4 zwar eingesetzt, nicht aber entwickelt werden – hierzu sind Kenntnisse in C++ erforderlich. Ab VB5 lassen sich OCX-Controls (nun als ActiveX-Controls bezeichnet) auch unter Visual Basic erstellen. Dabei kann das ActiveX (CTL-Datei) als Container für weitere Objekte dienen. Wie bei einer Form (FRM-Datei) lassen sich darauf Textfelder, Labels, Optionsfelder usw. aufziehen

6.1 ActiveX-Steuerelement XInfo erstellen

6.1.1 UserControl-Objekt als XINFO.OCX speichern

Datei XINFO.CTL in Projekt XINFO.VBP speichern (Schritt 1)

Über den Menübefehl "Datei/Neues Projekt" nicht "Standard-EXE" wählen, sondern "ActiveX-Steuerelement". VB bietet ein Formfenster an, um ein neues Steuerelement namens UserControl1 zu definieren.

– Nun über "Datei/UserControl1 speichern" die Form als XINFO.CTL.
– Über "Datei/Projekt speichern" das Projekt als XINFO.VBP sichern.

Das Form-Design von XINFO.CTL entwerfen (Schritt 2)

Das Form-Design einer CTL-Datei entspricht dem einer FRM-Datei. Die Buttons cmdZeigen und cmdLöschen sowie ein Textfeld txtEA aufziehen. Die Name-Eigenschaft *UserControl1* in *XInfo* ändern; die Eigenschaften XInfo.Width=2000, XInfo.Height=400 und txtEA.Text="Info zu VB5" über das Eigenschaftenfenster gemäß Objektetabelle in Bild 6-2 setzen. Mit "Datei/XInfo speichern" neu sichern.

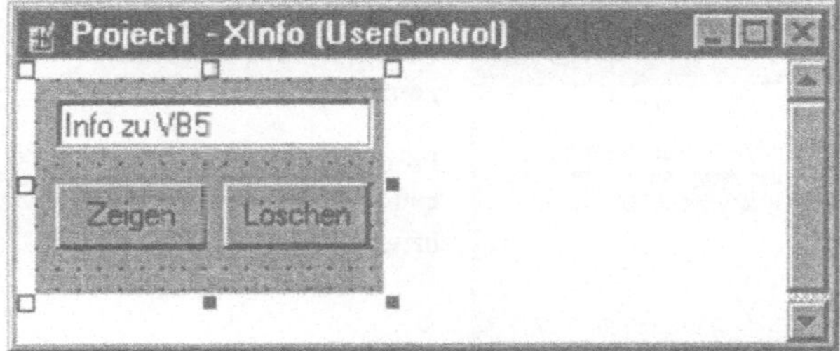

Bild 6-1: Entwurfsbildschirm zu XINFO.CTL von Projekt XINFO.VBP

Objekte:	*Geänderte Eigenschaftswerte:*	*Ereignisse:*
UserControl1	Name=XInfo, Width=2000, Height=400, Höhe (benutzerdef., Kap. 6.2.1)	Initialize (6.1.2) Click (6.2.2)
Text1	Name=txtEX, Text="Info zu VB5"	
Command1	Name=cmdZeigen, Caption="Zeigen"	Click
Command2	Name=cmdLöschen, Caption="Löschen"	Click

Bild 6-2: Objektetabelle zu Steuerelement XINFO.CTL in Projekt XINFO.VBP

XINFO ist der *Klassenname* des Benutzer-Steuerelements, von dem später die *Instanzen* XInfo1, XInfo2, ... aufgezogen werden können.

Code in Datei XINFO.CTL eingeben (Schritt 3)

Auch das Codieren einer CTL-Datei entspricht exakt dem einer FRM-datei. Hier sind zwei Ereignisprozeduren zu codieren:

```
'ActiveX-Steuerelement XINFO.CTL                    von XINFO.VBP
VERSION 5.00
Begin VB.UserControl XInfo                   'Control-Objekt
          '... Form-Design hier mit cmdLöschen, cmdZeigen und txtEA
End
Attribute VB_Name = "XInfo"                  'Einstellungen von VB
Attribute VB_GlobalNameSpace = False
Attribute VB_Creatable = True
Attribute VB_PredeclaredId = False : Attribute VB_Exposed = True

Private Sub cmdLöschen_Click()               'Erste Methode des Controls
  txtEA.Text = ""
End Sub
Private Sub cmdZeigen_Click()                'Zweite Methode des Controls
  txtEA.Text = "VB5 ist super"
End Sub
```

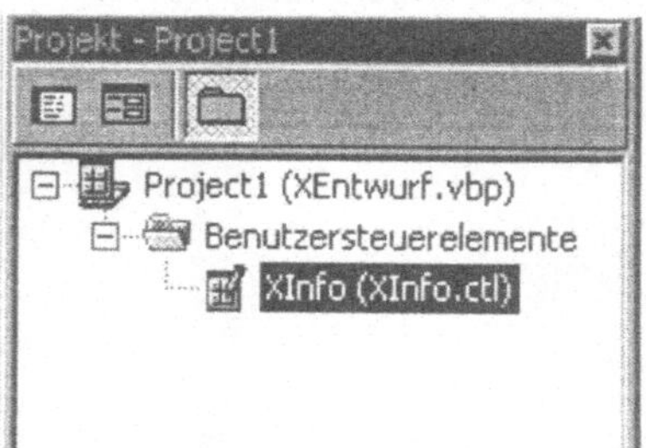

Benutzerdefinierte Controls werden in einer Projektdatei gespeichert.

Projektdatei XINFO.VBP enthält hier nur ein Control bzw. eine Datei XINFO.CTL

Bild 6-3: Projektfenster von Projekt XINFO.VBP mit einer CTL-Datei

Zusatzsteuerelementedatei XINFO.OCX erstellen (Schritt 4)

"Datei/Xinfo.OCX erstellen" wählen. VB übersetzt die Steuerelemen-
tedefinitionen des UserControl-Objekts in eine OCX-Datei. Das
XInfo-Control ist noch nicht in der Werkzeugsammlung sichtbar. Dies
erreicht man über den Befehl "Projekt/Komponenten/XInfo.OCX"

Das XInfo-Control über Form XTEXT1.FRM nutzen (Schritt 5)

Die Form XTEST1.FRM in Projekt XAUFRUF.VBP erstellen, um
darin über die Werkzeugsammlung vier Controls aufzuziehen: Zwei
Standard-Controls cmdVerschieben und cmdUnsichtbar sowie zwei
benutzerdefinierte ActiveX-Controls XInfo1 und XInfo2.

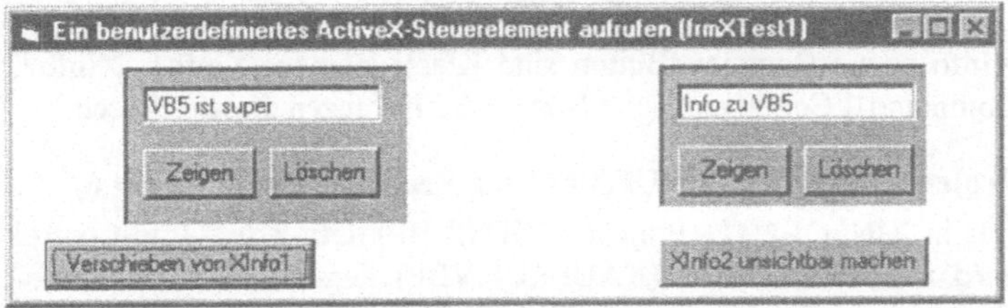

Bild 6-4: Ausführung zu Form XTEST1.FRM von Projekt XAUFRUF.VBP

```
'Form XTEST1.FRM von Projekt XAUFRUF.VBP in Projektgruppe XAUFRUF.VBG
Object = "{680DE3CA-C9D2-11D0-8EDB-A4F535F5DF21}#1.0#0": "XInfo.ocx"
Begin VB.Form frmXTest1
  '  Form-Design mit XInfo1, XInfo2, cmdUnsichtbar und cmdVerschieben
End
Attribute VB_Name = "frmXTest1"

Private Sub cmdVerschieben_Click()
  XInfo1.Left = XInfo1.Left + 30        'XInfo1 nach links verschieben
End Sub
Private Sub cmdUnsichtbar_Click()
  XInfo2.Visible = Not XInfo2.Visible   'Umschalter
  If XInfo2.Visible Then                'Über die Caption informieren
    cmdUnsichtbar.Caption = "XInfo2 unsichtbar machen"
  Else
    cmdUnsichtbar.Caption = "XInfo2 sichtbar machen"
  End If
End Sub
Private Sub XInfo2_LostFocus()          'Ereignis für ActiveX-Control
  MsgBox "XInfo2 hat den Fokus verloren"
End Sub
```

Objekte:	Geänderte Eigenschaftswerte:	Ereignisse:
Form1	Name=frmText1, Caption="Ein...frmXTest1)"	
XInfo1	Width=2175, Left=240	
XInfo2	Width=2055, Left=4920	LostFocus, Click (6.2.2)
Command1	Name=cmdVerschieben, Caption="Verschieben von XInfo1"	Click
Command2	Name=cmdUnsichtbar, Caption="XInfo2 unsichtbar machen"	Click
Command3	Name=cmdHöheÄndern (6.2.1)	Click
Label1	Name=lblClickZähler (6.2.2), Caption=""	

Bild 6-5: Objektetabelle zu Form XTEXT1.FRM in Projekt XAUFRUF.VBP

XInfo sowie CommandButton sind Klassennamen. XInfo1, XInfo2, Command1, Command2 sind Namen der Instanzen dieser Klassen.

Projektgruppe XAUFRUF.VBG zur Vereinfachung (Schritt 6)

Das in XINFO1.CTL (Projekt XINFO.VBP) definierte XInfo-Control wird in XTEST1.FRM (XAUFRUF.VBP) genutzt. Um das XInfo-Control beim Austesten zu ändern, muß man die Projekte wiederholt mühsam wechseln. Um dies zu vermeiden, faßt man beide Projekte zu einer Projektgruppe zusammen – siehe Bild 6-6 rechts.

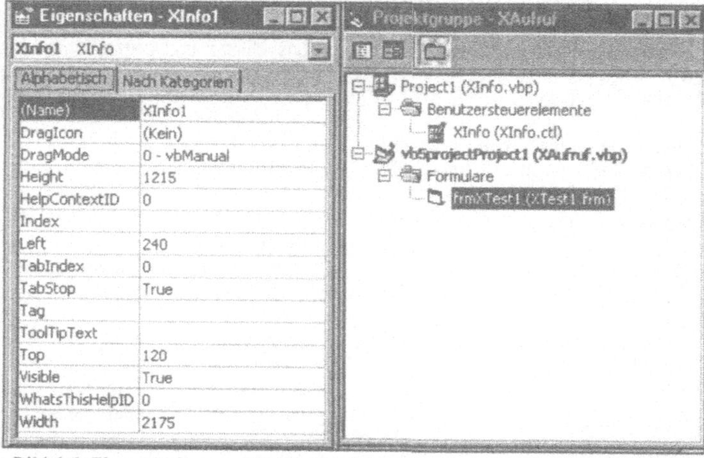

Bild 6-6: Eigenschaften von XInfo1 (links). Projektgruppe XAUFRUF.VBG (rechts)

Die Projektgruppendatei XAUFRUF.VBG bilden:

1. Projekt XAUFRUF.VBP aktivieren.
2. Mit "Datei/Projekt hinzufügen/XINFO.VBP" dieses Projekt ins Projektfenster hinzufügen.
3. Mit "Projekt/Eigenschaften/StartObjekt/frmXTest1" XTEST1.FRM als erste nach dem Start auszuführende Form festlegen.
4. Mit "Datei/Projektgruppe/XAUFRUF.VBG" den Inhalt des Projektfensters (siehe Bild 6-6 rechts) als Projektgruppendatei sichern.

6.1.2 Ereignisfolge beim Einsatz des ActiveX-Controls

Die für eine Form typische Ereignisfolge *Initialize – Load – Unload* gilt auch für ein ActiveX-Control: *Initialize – InitProperties – ReadPropertie –, WriteProperties – Terminate*. An die Stelle der Ereignisprozedur Form_Initialize tritt also UserControl_Initialize. Die folgenden Prozeduren melden die Ereignisse im Debug-Direktfenster.

```
'Zusätzlicher Code im ActiveX-Steuerelement XINFO.CTL
Private Sub UserControl_Initialize()
  Debug.Print "Initialize XInfo-Klasse"
End Sub
Private Sub UserCortrol_ReadProperties(PropBag As PropertyBag)
  Debug.Print "ReadProperties XInfo-Klasse"
End Sub
Private Sub UserControl_Resize() 'Größenänderung des Controls?
  Static r As Integer          'r bleibt nach Prozedurende erhalten
  r = r + 1
  Debug.Print r & ". mal Resize" 'Meldung anzeigen
End Sub
```

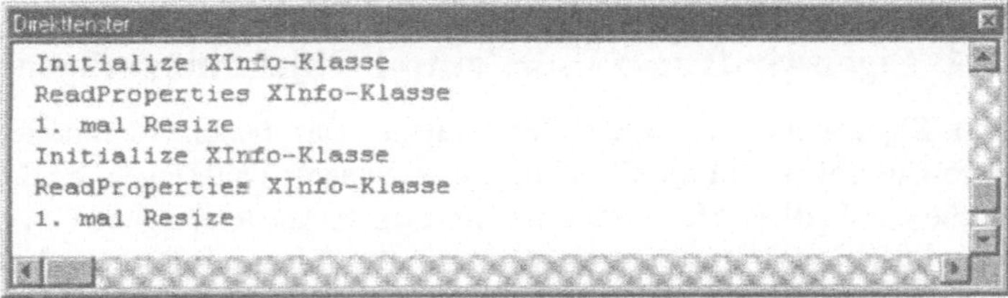

Bild 6-7: Direktfenster nach dem Ausführungsstart von XTEST1.FRM

Beim Ausführungsstart von XTEST1.FRM die zwei Instanzen XInfo1 und XInfo2 der XInfo-Klasse erzeugen und je drei Ereignisse melden.

Über das InitProperties-Ereignis Anfangswerte für das erzeugte UserControl zuweisen, hier Werte für Höhe-Eigenschaft (siehe Kapitel 6.2.1).

```
Private Sub UserControl_InitProperties()        'von XINFO.CTL
  Höhe = 285
  Debug.Print "InitProperties XInfo-Klasse"     'Meldung
End Sub
```

Über das ReadProperties-Ereignis (entsprechend dem Load-Ereignis bei der Form) Werte aus der Form dem Control zuweisen.

Nur die *Entwurfszeitinstanz* des Controls erkennt ein WriteProperties-Ereignis, nicht aber die *Laufzeitinstanz*. Grund: In der compilierten OCX-Datei lassen sich (nachträglich) keine Eigenschaftswerte speichern.

```
Private Sub UserControl_WriteProperties(PropBag As PropertyBag)
  Debug.Print "WriteProperties XInfo-Klasse"
End Sub
Private Sub UserControl_Terminate()             'von XINFO.CTL
  Debug.Print "Terminate XInfo-Klasse"          'siehe Kapitel 3.3.4.1
End Sub
```

6.2 Funktionalität von XInfo erhöhen

Die *Funktionalität* eines Controls (UserControl-Objekt bzw, ActiveX-Steuerelement) wie hier XInfo wird durch seine *Eigenschaften, Ereignisse und Methoden* bestimmt.

Bild 6-5 links zeigt, daß das XInfo-Control nur über 15 Eigenschaften verfügt. Im folgenden wird beispielhaft gezeigt, wie man dem Control eine Höhe-Eigenschaft und ein Click-Ereignis hinzufügt.

6.2.1 Eigenschaft zum UserControl-Objekt hinzufügen

Höhe-Eigenschaft für XInfo hinzufügen: Das benutzerdefinierte XInfo-Control enthält die Standard-Steuerelemente cmdZeigen, cmd-Löschen und txtEA. Man bezeichnet sie auch als *konstituierende Controls* von XInfo; Diese Controls verfügen über Eigenschaften, die jedoch vom XInfo-Benutzer nicht angesprochen werden können. Nun soll eine Höhe-Eigenschaft definiert werden, die die Höhe von cmd-Zeigen und cmdLöschen gleichermaßen verändert. In Bild 6-8 werden die Buttons links zu Height=550 vergrößert.

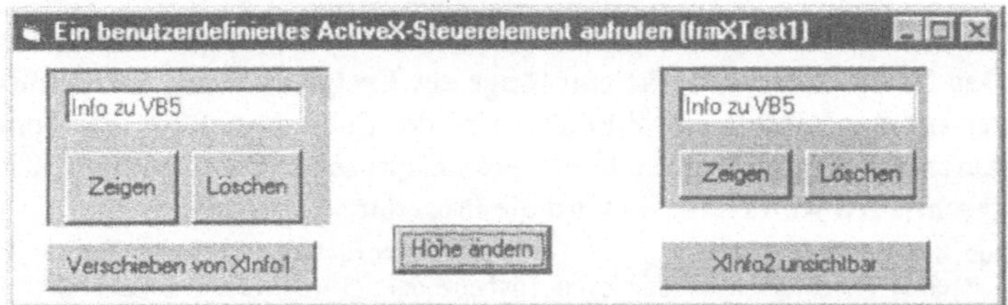

Bild 6-8: Ausführung zu Form XTEST1.FRM von XAUFRUF.VBP:
Über cmdHöheÄndern den Eigenschaftswert XInfo1.Höhe = 550 setzen

Im linken Info-Control erscheinen die beiden Buttons nun höher.

Eigenschaftsprozeduren für Höhe-Eigenschaft codieren (Schritt 1)

Auf Eigenschaftsprozeduren wurde in Kapitel 3.3.4.1 eingegangen.
Die beiden Eigenschaftsprozeduren *Property Get Höhe* und *Property
Let Höhe* (Kapitel 3.3.4.1) in der Controldatei XINFO.CTL eingeben.

Sobald ein Eigenschaftswert der Höhe-Eigenschaft gelesen werden
soll, ruft VB die zugehörige Prozedur *Property Get Höhe* auf, um die
aktuelle Höhe (Height-Eigenschaft) von Button cmdZeigen zu lesen.

```
Public Property Get Höhe() As Integer            'von XINFO.CTL
  Höhe = cmdZeigen.Height
End Property
```

Wird der Höhe-Eigenschaft ein neuer Wert zugewiesen, dann ruft VB
die Eigenschaftsprozedur Property Let Höhe auf, um die neue Höhe in
der Height-Eigenschaft der beiden Buttons von XInfo zu speichern:

```
Public Property Let Höhe(ByVal NewHöhe As Integer)
  cmdZeigen.Height = NewHöhe
  cmdLöschen.Height = cmdZeigen.Height
  PropertyChanged "Höhe"              'Eigenschaftenfenster aktualisieren
End Property
```

Auf die Höhe-Eigenschaft zugreifen (Schritt 2)

Die Prozedur cmdHöheÄndern_Click eingeben, um auf die Höhe-
Eigenschaft schreibend zuzugreifen: 550 eingeben (Bild 6-8) und über
die Zuweisung an XInfo1.Höhe die Property Let-Prozedur aufrufen.

```
Private Sub cmdHöheÄndern_Click()                   'von Form XTEST1.FRM
  XInfo1.Höhe = InputBox("Höhe der Buttons?")       'Höhe-Eigenschaft neu
End Sub
```

6.2.2 Ereignis zum UserControl-Objekt hinzufügen

Das UserControl-Objekt empfängt ein Ereignis: Wenn der Benutzer auf das XInfo-Control klickt, wird der Code ausgeführt, der vom Autor des XInfo-Controls in die Ereignisprozedur UserControl_Click geschrieben worden ist. So wird die Prozedur

```
Sub UserControl_Click()                'in Controldatei XINFO.CTL
  MsgBox "Sie haben wieder eine Instanz der XInfo-Klasse angeklickt"
End Sub
```

den Anwender durch wiederholte Meldungen nerven.

Die UserControl-Objekt löst ein Ereignis aus: Das Anklicken auf ein XInfo-Control soll ein Click-Ereignis auslösen, damit der Entwickler (Anwendungsprogrammierer) entsprechend agieren kann.

```
Sub UserControl_Click()              'in Controldatei XINFO.CTL
  RaiseEvent Click                   'Ereignis auslösen bzw. bereitstellen
End Sub


Sub XInfo1.Click()                   'in Formdatei XTEST1.FRM
  'Anweisungen des Anwendungsprogrammierers
End Sub
Sub XInfo2_Click()                   'in Formdatei XTEST1.FRM
  'Anweisungen des Anwendungsprogrammierers
End Sub
```

Hierzu das folgende Beispiel: Klickt der Benutzer das Textfeld txtEA des XInfo-Controls an, dann soll ein Click-Ereignis ausgelöst werden, falls das Textfeld einen Zeicheninhalt hat (also nichtleer ist).

In der CTL-Datei ein Click-Ereignis deklarieren (Schritt 1)

Im Allgemeinteil von XINFO.CTL über *Public Event* ein Click-Ereignis öffentlich bekannt machen. Die XInfo-Klasse kann nun ein Click-Ereignis senden bzw. bereitstellen.

```
'Zusätzlicher Code im ActiveX-Steuerelement XINFO.CTL
Public Event Click()                       'öffentliches Click-Ereignis
```

In der CTL-Datei ein Click-Ereignis auslösen (Schritt 2)

```
Private Sub txtEA_Click()              'von XINFO.CTL
  If txtEA.Text <> "" Then             'Ist das Textfeld nicht leer?
    RaiseEvent Click                   'Ereignis senden
  End If
End Sub
```

In der FRM-Datei das Ereignis individuell verarbeiten (Schritt 3)

Gemäß Bild 6-9 über den Label lblClickZähler melden, wie oft auf
XInfo2 als zweiter Instanz der XInfo-Klasse geklicht worden ist:

```
Private Sub XInfo2_Click()              'von XTEST1.FRM
  Static c As Integer                   'Wert nach Prozedurende erhalten
  c = c + 1                             'Zähler addieren
  lblClickZähler.Caption = c & ". Click auf Textfeld"
End Sub
```

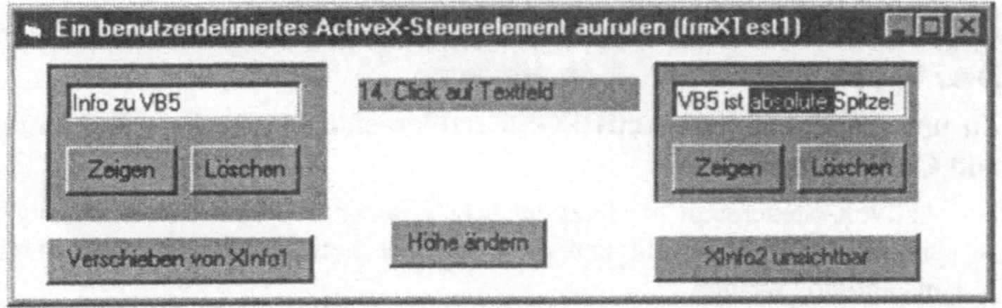

Bild 6-9: Ausführung zu Form XTEST1.FRM von XAUFRUF.VBP:
Auf das nichtleere Textfeld des rechten XInfo2-Controls wurde 14 mal geklickt

Die Ereignisse des XInfo-Controls kontrollieren (Schritt 4)

Das Codefenster von XTEST1.FRM zeigt für die Instanz Info2 der
ActiveX-Klasse XInfo (Objekteliste links) fünf verfügbare Ereignisse
an (Ereignisliste rechts): Ein benutzerdefiniertes Click-Ereignis (siehe
oben) sowie vier von VB automatisch eingefügte Ereignisse.

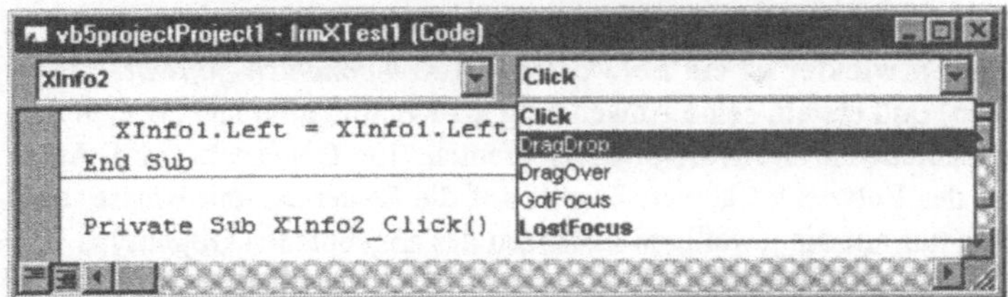

Bild 6-10: Im Codefenster von XTEST1.FRM das Objekt XInfo2 auswählen
und dessen Ereignisse anzeigen lassen

Das benutzerdefinierte ActiveX-Steuerelement XInfo (Klassenname)
macht sein **Autor** als Datei XINFO.OCX verfügbar. Der **Entwickler**
fügt über die Werkzeugsammlung Instanzen XInfo1, Xino2, ... in die
Form ein. Der **Benutzer** arbeitet mit den UserControl-Objekten wie
mit Standardereignissen – er bemerkt keinen Unterschied.

6.3 Typen von ActiveX-Objekten

Entwicklung von Komponenten-Software

Als AktiveX-Komponente bezeichnet man ausführbaren Code, wenn er gemäß der ActiveX-Technik als DLL-Datei, EXE-Datei bzw. OCX-Datei gespeichert ist. Die *Entwicklung von Komponenten-Software* kennzeichnet dabei das Zusammensetzen von wiederverwendbaren ActiveX-Komponenten zu einer eigenen Anwendung.

Drei Typen von ActiveX-Komponenten

Zu unterscheiden sind ActiveX-Steuerelemente, ActiveX-Dokumente und Code-Komponenten:

- ActiveX-Steuerelemente (Kapitel 6.1): Klassen, die über die Werkzeug-sammlung bereitgestellt und dann auf der Form aufgezogen (plaziert, instantiiert) werden.
- ActiveX-Dokumente: Formen, die im Internet über Browser bearbeitet werden.
- Code-Komponenten: Andere Bezeichnung für OLE-Automatisierungs-Server. Eine Code-Komponente stellt eine Bibliothek von Klassen dar, aus der man ein Objekt erzeugt, um dann deren Funktionalität zu nutzen.

Autor, Entwickler und Benutzer eines ActiveX-Steuerelements

Der **Autor** erstellt das Steuerelement als UserControl-Klasse und bietet es in compilierter Form als OCX-Datei an (siehe Kapitel 6.2.2). Nur er kann UserControl-Ereignisprozeduren codieren.

Der **Entwickler** ist ein *Entwickler von Komponenten-Software* (siehe oben) und erstellt seine Anwendung als Kombination aus Formen und verschiedenen ActiveX-Steuerelementen. Im Gegensatz zum Autor hat der Entwickler keinen Zugriff auf die Steuerelement-Klasse, sondern nur auf die jeweiligen Instanzen des angebotenen Objekttyps.

Der **Benutzer** setzt die Anwendung nach der Installation ein. Er nutzt sowohl den Code des Autors als auch den Code des Entwicklers.

Klasse (Objekttyp) und Instanzen (Objekte) von Steuerelementen

Der *Autor* entwickelt die Steuerelemente-Klasse, z.B. INFO.OCX. Der *Entwickler* installiert die ActiveX-Klasse in der Werkzeugsammlung und erzeugt daraus ActiveX-Instanzen in seiner Anwendung, z.B. Info1 und Info2. Der *Benutzer* arbeitet mit den Instanzen.

Dateien CTL, CTX, VBP und OCX des ActiveX-Steuerelements

Die CTL-Datei nimmt das Form-Design mit den konstituierenden Steuerelementen (also den auf der Form aufgezogenen Controls) sowie den Code der Methoden als ASCII-Text auf. Enthält die Form Bitmaps (grafische Steuerelemente), dann werden diese in einer gleichnamigen CTX-Datei abgelegt (analog zum UserControl-Objekt: FRM- und FRX-Dateien des normalen Form-Objekts).

Die VBP-Datei als ActiveX-Steuerelementeprojekt umfaßt eine oder mehrere CTL-Dateien mit den Definitionen einer oder mehrerer Controlklassen.

Nach dem Austesten der CTL- bzw. VBP-Dateien compiliert der Autor das Projekt in eine OCX-Datei, um diese dann dem Entwickler bzw. Benutzer anzubieten. Eine OCX-Datei kann also mehrere Steuerelemente (Anzahl sowie Typ) enthalten.

ActiveX-Steuerelemente setzen einen Container voraus

Ein ActiveX-Steuerelement ist ein ganz besonderes Objekt, da es nicht alleine ausgeführt werden kann; es muß auf einer Form oder auf einem anderen ActiveX-Control als Container aufgezogen werden. Aufziehen heißt: Eine Instanz (Objekt) der in der Werkzeugsammlung angebotenen Klasse (Objekttyp) auf dem Container erzeugen und dort plazieren. Nun kann die Instanz auf Externder- und AmbientProperties-Objekte zugreifen, die der Container als Dienste bereitstellt.

Eigenschaftsseiten (Property Pages)

In diesen Dialogseiten (Registern) lassen sich Eigenschaftswerte über Eingabefelder verändern. Die Programmierung erfolgt wie bei der Form, wobei ein Assistent den Code einfügt. Möglichkeit, *vordefinierte Seiten* z.B. zum Einstellen von Grafik, Farben, Fonts einzufügen.

Aggregation anstelle von Vererbung

Einerseits kann jedes Steuerelement als Container für weitere Steuerelemente dienen. Andererseits verbietet VB die allzu clevere Intention, das Steuerelement eines Drittanbieters in das eigene Steuerelement einzufügen, um es nach Änderung als eigene Creation zu verkaufen. Grund: ActiveX bedient sich des Prinzips der *Aggregation*, nicht aber der *Vererbung*. Eingefügte Steuerelemente werden somit nicht integriert, sondern liegen weiter als separate OCX-Dateien vor.

Verzeichnisse und Dateien

Verz	Inhalt	Seite
1-1	Prozedur und Funktionen für vordefinierte Dialogfelder	9
1-2	Grundlegende Steuerelemente	12
2-1	Steuerelemente und globále Objekte von Visual Basic 5	26
3-1	Steuerelemente: Namen, Präfix, Standard-Eigenschaft	44
3-2	Methoden zum Zeichnen auf Form, Bildfeld, Printer	50
3-3	Eigenschaften zum Zeichen	50
3-4	Sinnbilder für Struktogramme	55
4-1	Methoden zum Bearbeiten der Strings von ListBox	72
4-2	Funktionen und Prozeduren zur Stringverabeitung	84

Verzeichnisse des Buchs zum Nachschlagen

Dateitypen (siehe auch S. 28):

FRM   Textdatei mit dem VB-Code einer Form (FRX mit Grafik-Definitionen).
CTL   Textdatei mit dem VB-Code eines ActiveX-Steuerelements bzw. Controls.
CLS   Textdatei mit dem VB-Code einer Klasse (Objekttyp).
VBP   Textdatei mit den Namen aller Dateien FRM, FRX, BAS, CTL, CLS, RES.
VBG   Textdatei, die aus mehreren VBP-Dateien eine Projektgruppe bildet.

FRM	VBP	Seite
ErstForm	ErstProj	2
Benzin1	Benzin	4
Benzin2	Benzin	6
Benzin3	Benzin	7
Ereig1	Ereignis	10
Ereig2	Ereignis	11
Auswahl	Struktur	15
Schleife	Struktur	20
Prozedur	Routine	28
Funktion	Routine	36
Ereig3	Ereignis	38
Drag1	Objekte	41
Grafik1	Objekte	45
Grafik2	Objekte	46
Grafik3	Objekte	48
Grafik4	Objekte	51
Grafik5	Objekte	59

FRM	VBP	Seite
ArtObj	Obj	65
Artikel.CLS		65
KListe	Listen	71
KListe1	Listen	75
KListe1.TXT		76
KListe2	Listen	80
KListe2.TXT		82
TArray	Listen	85
KTabell1	KDaten	87
KTabell2	KDaten	90
KTabell3	KDaten	96
KTabell4	KDaten	105
DBStruk	KDaten	110
SQL	KDaten	117
SQLObj	KDaten	120
XInfo.CTL	XInfo	121
XTest1	XAufruf	123

FRM-Dateien (Formen) und VBP-Dateien (Projekte) des Buchs mit den Beispielen

Sachwortverzeichnis